预科物理
基础教程

主　编　李东阳　赵　丹
副主编　王礼祥　黄　毅　袁　欢

电子科技大学出版社
University of Electronic Science and Technology of China Press
·成都·

图书在版编目(CIP)数据

预科物理基础教程 / 李东阳,赵丹主编. — 成都:
电子科技大学出版社,2022.8
ISBN 978-7-5647-9504-7

Ⅰ. ①预… Ⅱ. ①李… ②赵… Ⅲ. ①物理学—高等
学校—教材 Ⅳ. ①O4

中国版本图书馆CIP数据核字(2022)第016744号

预科物理基础教程

YUKE WULI JICHU JIAOCHENG

李东阳　赵　丹　主编

策划编辑　高小红　李　倩
责任编辑　李　倩

出版发行　电子科技大学出版社
　　　　　成都市一环路东一段159号电子信息产业大厦九楼　邮编 610051
主　　页　www.uestcp.com.cn
服务电话　028-83203399
邮购电话　028-83201495

印　　刷　成都市火炬印务有限公司
成品尺寸　185 mm×260 mm
印　　张　10
字　　数　240千字
版　　次　2022年8月第1版
印　　次　2022年8月第1次印刷
书　　号　ISBN 978-7-5647-9504-7
定　　价　45.00元

前　言

物理学是研究物质基本结构和运动的科学。物理学所涵盖的知识框架是人类认识自然规律的智慧结晶，是其他自然科学学科和工程技术门类的理论基础。物理学在发展过程中留下的思想和方法，是人类认识自然规律和利用自然规律的重要法宝，是科学技术创新和高新技术发展的根本和思想源泉。

预科教育是高等教育的重要组成部分。预科阶段的物理课程，是从高中物理到大学物理的重要过渡，主要以物理知识为载体，以“提出问题—理论预测—实验验证—修正理论”的科学方法为工具，训练学生的物理学思维，激发学生的创造性思维，探索大学物理的学习方法，为今后更为系统、深入地掌握物理知识打下坚实的基础。

为了推动形成覆盖全部学科门类的中国特色、世界水平的一流本科专业集群，教育部提出了大力发展新工科、新医科、新农科、新文科等“四新”。其中，《教育部办公厅关于公布首批“新工科”研究与实践项目的通知》（教高厅函〔2018〕17号）明确指出，“要加快形成一批可推广可复制的改革成果，在新兴工科的课程体系、新形态教材和教学内容、在线开放课程、工程教育师资队伍和实践基地等方面实现突破”。在工、医、农、文等四个不同的学科门类中，“工、医、农”三个学科门类直接或者间接地需要物理学的知识和思想方法作为基础和指导。可以说，在全面推进“四新”建设的过程中，物理学的课程和教学内容特别是物理教材的建设，发挥着与专业课程建设同等重要的作用。

国内外已有的优秀大学物理教材具有很好的知识性和系统性，是预科物理教学的重要参考材料，然而，这些教材不太适合直接作为预科阶段物理课程的教学用书。首先，现有的大学物理教材主要是以本科理工科学生为授课对象编写的，没有充分考虑到预科学生的接受力和知识结构，给教材使用者（包括教师和学生）带来不便；其次，尽管现有的众多的优秀大学物理教材具有重要的参考价值，但直接将其用在预科物理教学之中，导致本、预科教材和讲授内容的简单重复，不但不能取得良好的教学效果，反而易引起学生对物理学习的厌恶和反感，进而导致不良的教学效果；最后，如何打造一批能够更好地为“四新”建设服务的物理学教材，是物理学教材建设所要解决和探索的重要问题。因此，在新时代“四新”建设背景下，以“新工科”理念为先导，以人才培养需求为牵引，以学生的知识结构和层次为基础，结合教师多年的教学经验，编写预科学生需要的物理教材非常必要。

基于上述考虑，我们以“新工科”理念为先导，以大学物理学习需求为牵引，以预科学生的知识结构和接受力为基础，编写此书。全书共7章，主要介绍质点运动学、牛顿运动定律、动量守恒和能量守恒定律、刚体力学、静电场、稳恒磁场和电磁感应，涵盖了力学和电磁学的主要知识结构。全书选用经典物理学中力学和电磁学部分作为内容载体，弱化物理学公式的理论推导过程，将重心放在需掌握的基础知识、核心知识及背后的物理学思想上，便于学生通过知识结构的比较，掌握教学内容。

由于时间紧、编者水平有限，书中难免会有不妥之处，敬请读者谅解并提出宝贵的意见。

编　者

2022年6月

目　录

绪　论

1. 什么是物理学

在亚里士多德时代，物理学是一门以自然界为特定对象的哲学。而今天，我们普遍接受物理学是研究物质运动最一般规律和物质基本结构的学科的观念。可见，物理学的概念或者研究内容并不是一成不变的，它会随人类对客观自然认识范围的拓展和深化而不断发生变化。但有一点是不变的：物理学起源于人类对自然界的观察和思考，是一门基于科学方法探索物质世界本质规律的学科。

在长期不懈的努力下，科学家们构建起了以经典物理、相对论和量子力学为主的物理学基本框架，并在这一框架内填充了丰富的分支学科和交叉学科，共同构成巍峨的物理学大厦。

2. 为什么要学习物理学

物理学是一门基础学科，在自然科学中占有重要的地位。一方面，物理学作为一门探索物质世界基本规律的学科，其所提供的思想方法和人类智慧结晶是各个专业领域从客观物质世界中获取知识的重要法宝；另一方面，长期以来物理学对自然界的探索和认知的积累已经成为构建各门专业知识的重要基础。因此，学好物理学对于更好地深入学习各门专业课具有非常重要的作用。

无论是过去还是现在，物理学都是科技进步的重要推动力。我们知道，过去的每一次工业革命都给工业和技术领域带来重大的变革。这些变革对人类的生产和生活方式产生了重大的影响。有趣的是，每一次工业革命都是以物理学探索自然的新发现作为基础的。现在，我们正在享受科技进步给我们的学习、生产和生活带来的巨大便利，而这与物理学的支撑是密不可分的。

事实上，物理学的影响不会仅局限在过去和现在。为突破传统计算机的计算瓶颈，科学家基于量子力学原理提出了量子计算机。近几年，科学家的这一方案取得了重大突破。比如，2020年12月4日，潘建伟教授团队构建的量子计算原型机“九章”（76个光子），比目前最快的超级计算机快一百万亿倍，这证明了量子计算机的优越性。在为这些历史性的进步欢呼时，我们能感受到，物理学将超越过去和现在，在未来为科学发展提供动力。

物理学是人类探索自然规律的智慧结晶，包含人类对自然规律的丰富认知、探索自然的方法，以及解决问题的智慧。学习物理学不仅能够丰富我们的认识，还能够提升我们的科学素养和解决问题的能力。

3. **如何学习物理学**

要学好物理学，必须培养对物理学的兴趣和爱好。强烈的兴趣会让我们克服学习中遇到的各种困难。赵凯华教授在《新概念物理学》一书中说道：“学习物理学，不能仅仅掌握一些知识、定律和公式，更不要把自己的注意力只集中在解题上，而应在学习过程中努力使自己逐渐对物理学的内容和方法、工作语言、概念和物理图像，以及其历史、现状和前沿等方面，从整体上有个全面的了解。”

预科物理是从高中物理到大学物理的重要过渡。在这一阶段，我们需要将被动的学习方式转变为主动学习，通过学习基本的物理学知识，探索物理学的学习规律，培养对物理学的兴趣，为后续的深入学习打好坚实基础。

第1章　质点运动学

章首问题

猎人采用三点一线法在较远的射程内射击树上的猎物。猎人开枪瞬间，猎物看到猎枪发射时的火光受到惊吓而从树枝上由静止跌落下来。试问子弹能够打中猎物吗？

自然界中的一切物质都以运动的形式存在。在各种运动形式中，最为简单的一种就是物体的位置随时间发生变化的情况，称为机械运动。机械运动的规律是力学的主要研究内容。在研究机械运动时，通常把力学分为运动学、动力学和静力学三类。其中，运动学主要关心物体运动规律的描述，即采用数学或者几何的方法描述物体的空间位置随着时间的变化关系。

1.1 质点、参考系和坐标系

1.1.1 质点

在现实中，物体的运动会受到其本身形状和大小等各种因素的影响。在某些特定的环境下，通常可以忽略运动物体的大小和形状，而只考虑其质量。这样，所处理的问题就得到了简化。通常我们把这种在研究物体运动时，从客观世界抽象出来的，只有质量而没有形状和大小的理想模型称为质点。注意，质点只是为了简化问题而从研究对象上抽象出来的理想模型，并不是研究对象在客观世界中的实际形象。在现实世界中，质点是不存在的。

我们通常会问，将一个物体视为质点的条件是什么？事实上，当物体的大小和形状对其运动的影响可以忽略不计时，该物体就可以视为质点。能否被视为质点并不是物体本身决定的，而是由所研究的问题决定的。一个经典的例子是，在研究地球公转时，地球本身的大小和形状对公转运动的影响完全可以忽略，此时，地球能够被视为质点；然而，当研究地球自转时，同一时刻，地球上各点的运动状态明显不同，这时候把地球视为一个质点就不太合适了。

1.1.2 参考系

物体的运动是绝对的，但对运动的描述却具有相对性。这意味着如果描述某一运动着的物体，必须选择其他物体作为参考，这一被选作参考的物体称为参考系。参考系的选择是任意的，然而选择不同的参考系所描述出的运动结果会存在差异。因此，运动的描述具有相对性。值得注意的是，有了参考系，我们就能够对物体运动进行定性描述，但这显然是不够的。

1.1.3　坐标系

为了定量地描述物体的运动，我们还需要在参考系的基础上进一步引入坐标系。所谓的坐标系，就是固定在参考系上的一组坐标轴。坐标系的种类比较多，在现阶段的学习中，常用的坐标系有直角坐标系和自然坐标系两种。

1. **直角坐标系**

如图1.1.1所示为典型的直角坐标系。直角坐标系由 x 、y 和 z 三个相互垂直的坐标轴分量组成。x 、y 和 z 三个坐标轴的方向分别采用单位矢量 $\boldsymbol{i}$ 、$\boldsymbol{j}$ 和 $\boldsymbol{k}$ 来表示。

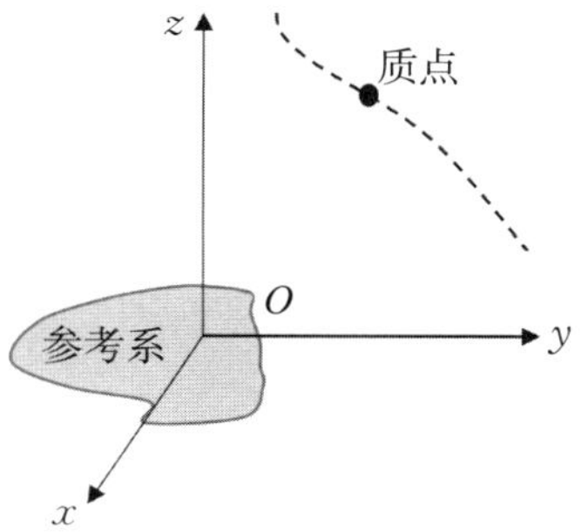

图1.1.1　直角坐标系

在直角坐标系中，坐标原点 O 固定在参考系上且视为不动点。因此，直角坐标系一旦确定，坐标轴的位置和方向就视为不动。

2. **自然坐标系**

如图1.1.2所示为典型的自然坐标系。平面自然坐标系由切向 T 和法相 N 两个相互垂直的坐标组成，其单位矢量分别为 $\boldsymbol{\tau}$ 和 $\boldsymbol{n}$ 。

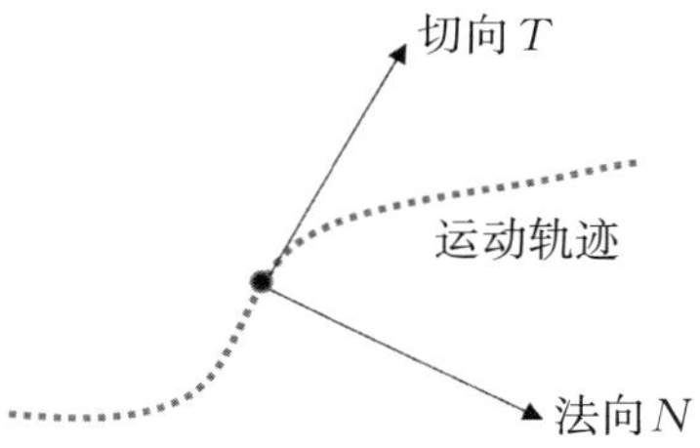

图1.1.2　自然坐标系

与直角坐标系不同的是，自然坐标系的坐标原点固定在运动物体上，在物体运动的过程中，切向单位矢量 $\boldsymbol{\tau}$ 永远指向运动轨迹的切线方向，而法向单位矢量 $\boldsymbol{n}$ 则指向运动轨迹的凹侧。

1.2　质点运动的矢量描述

在平面或三维空间中运动的物体，通常采用矢量来描述。物体在空间中的位置用位置矢量来描述。

1. **位置矢量（运动方程）**

如图1.2.1所示，由参考系 O 点指向质点所在位置 P 的有向线段 OP，称为质点的位置矢量，简称位矢，记作 $\boldsymbol{r}$ 。

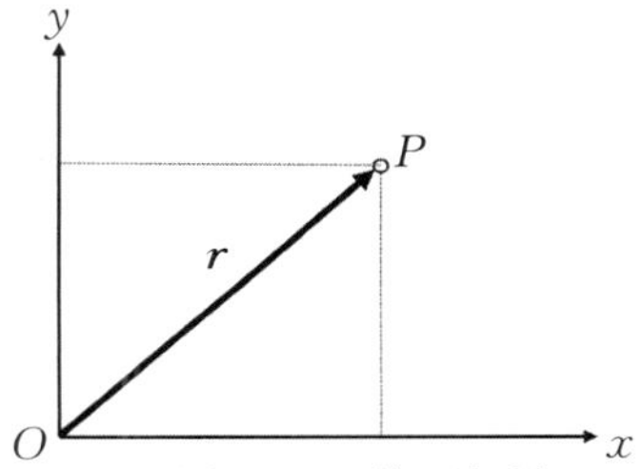

图1.2.1　位置矢量

质点运动时其位置将随时间变化，此时位置矢量 $\boldsymbol{r}$ 为时间 t 的函数，该函数称为运动方程。运动方程可描述为

$$\boldsymbol{r}=\boldsymbol{r}(t) \tag{1.2.1}$$

注意：运动方程是运动学的核心。

2. **位移矢量**

位移矢量（简称位移）是质点运动起点指向运动终点的一

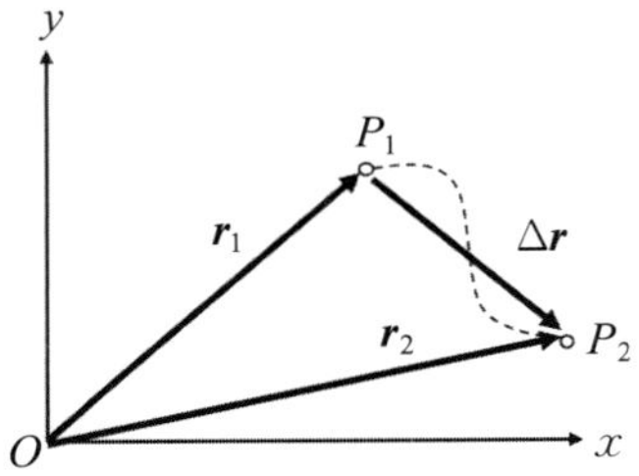

图1.2.2　位移矢量

条有向线段，用 $\Delta \boldsymbol{r}$ 表示。如图 1.2.2 所示，t_1 时刻质点位于 P_1，其位置矢量为 $\boldsymbol{r}_1$，t_2 时刻质点运动到了 P_2 位置，其位置矢量为 $\boldsymbol{r}_2$，则在 Δt 时间内质点的位移可以采用位置矢量表示为

$$\Delta \boldsymbol{r}=\boldsymbol{r}_2-\boldsymbol{r}_1 \tag{1.2.2}$$

位移 $\Delta \boldsymbol{r}$ 是矢量，描述质点在一段时间内的位置变化，其大小 $|\Delta \boldsymbol{r}|$ 表示位置变化量，其方向表示质点位置移动的方向。

我们知道，路程是指质点运动轨迹的实际长度。位移和路程都可以描述质点位置的变化，但位移是矢量，路程是标量。

3. **速度**

假设在一段时间 Δt 内，质点发生的位移为 $\Delta \boldsymbol{r}$，则在这段时间内，质点位置变化的快慢采用平均速度 $\bar{\boldsymbol{v}}$ 表示

$$\bar{\boldsymbol{v}}=\frac{\Delta \boldsymbol{r}}{\Delta t} \tag{1.2.3}$$

平均速度是矢量，其大小称为平均速率，用 v 表示，平均速度的方向与位移的方向相同。

对平均速度取时间间隔趋近于零的极限可得瞬时速度，简称速度，其数学表达式为

$$\boldsymbol{v}=\lim_{\Delta t \to 0}\frac{\Delta \boldsymbol{r}}{\Delta t}=\frac{\mathrm{d}\boldsymbol{r}}{\mathrm{d}t} \tag{1.2.4}$$

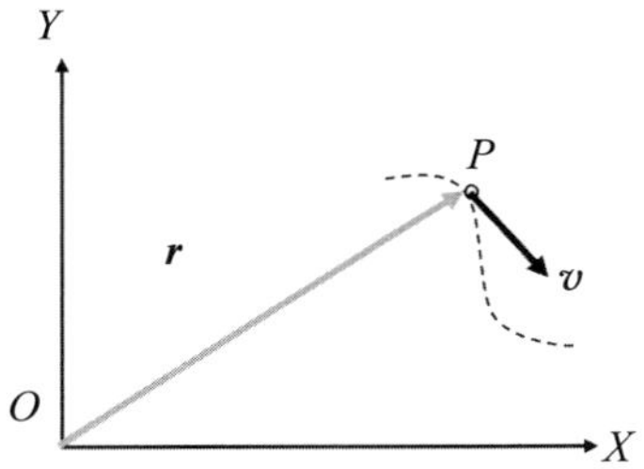

图1.2.3　速度

式（1.2.4）表明：速度等于运动方程 $\boldsymbol{r}$ 对时间的一阶导数，表示质点运动过程中任意时刻位置的变化快慢。如图 1.2.3 所示，速度是矢量，其大小称为速率，采用 v 表示；速度的方向永远指向运动轨迹的切线方向。

4. **加速度**

质点在运动过程中，其速度会发生改变，在一段时间 Δt 内，质点的速度变化快慢可以采用平均加速度 $\bar{\boldsymbol{a}}$ 表示，即速度变化量与发生这一变化所用时间之比，其数学表达式为

$$\bar{\boldsymbol{a}}=\frac{\Delta \boldsymbol{v}}{\Delta t}=\frac{\boldsymbol{v}_2-\boldsymbol{v}_1}{\Delta t} \tag{1.2.5}$$

式中，$\Delta \boldsymbol{v}$ 表示速度的变化量。平均加速度是矢量，其方向与速度变化量 $\Delta \boldsymbol{v}$ 一致。

质点运动过程中某一时刻速度变化快慢采用瞬时加速度来描述。瞬时加速度简称加速度，是平均加速度取时间间隔趋近于零的极限的结果，其数学表达式为

$$\boldsymbol{a}=\lim_{\Delta t \to 0}\frac{\Delta \boldsymbol{v}}{\Delta t}=\frac{\mathrm{d}\boldsymbol{v}}{\mathrm{d}t} \tag{1.2.6}$$

式（1.2.6）表明：加速度 $\boldsymbol{a}$ 等于速度 $\boldsymbol{v}$ 对时间 t 的一阶导数。加速度是矢量，其大小采用 a 表示；加速度的方向为速度变化量 $\Delta \boldsymbol{v}$ 的极限方向。当质点做曲线运动时，加速度的方向总是

指向运动轨迹的凹侧。

采用不同的矢量，我们对描述质点运动所需要的物理量，如位置、位移、速度和加速度等进行了定义。可以看到，通过引入矢量的概念，质点的运动状态能够很好地被描述出来。

1.3　坐标系下质点运动的描述

下面我们进一步引入坐标系，对上述采用矢量定义的物理量进行量化表达。在此，我们主要讨论直角坐标系和自然坐标系两种情况。

1.3.1　直角坐标系下质点运动的描述

1. **位置矢量（运动方程）**

对平面内运动的质点，引入平面直角坐标系进行描述。

如图1.3.1所示，在平面直角坐标系下，质点的位置矢量可以采用坐标（x, y）的两个分量表示为

$$\boldsymbol{r}=x\boldsymbol{i}+y\boldsymbol{j}$$

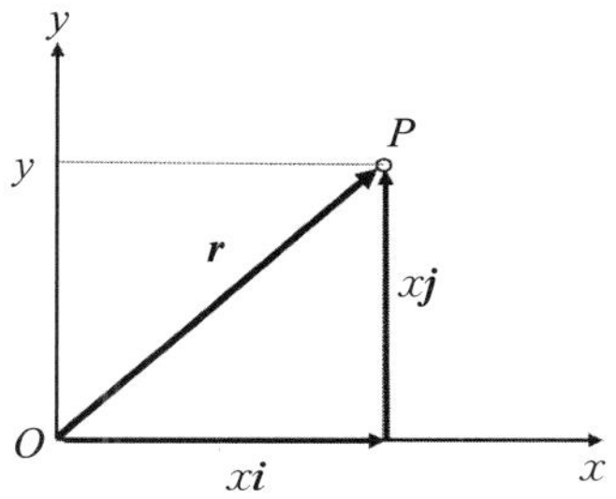

图1.3.1　位置矢量的坐标描述

在直角坐标系下，我们可以获得位置矢量 $\boldsymbol{r}$ 的大小 $|\boldsymbol{r}|$ 为

$$|\boldsymbol{r}|=\sqrt{x^2+y^2}$$

位置矢量 $\boldsymbol{r}$ 的方向可以用方向余弦表示为

$$\begin{cases}\cos\alpha=\dfrac{x}{|\boldsymbol{r}|}\\ \cos\beta=\dfrac{y}{|\boldsymbol{r}|}\end{cases}$$

任意时刻，质点的运动方程为

$$\boldsymbol{r}(t)=x(t)\boldsymbol{i}+y(t)\boldsymbol{j} \tag{1.3.1}$$

运动方程的两个坐标分量被为参数方程，可表示为

$$\begin{cases}x=x(t)\\ y=y(t)\end{cases} \tag{1.3.2}$$

由式（1.3.2）可以看到，参数方程都含有一个共同的时间变量，当联合两个参数方程，消去时间 t 便可获得轨迹方程。轨迹方程是描述质点在运动过程中所走过的路径，可表示为

$$f(x,y)=0 \tag{1.3.3}$$

同理，对三维空间中运动的质点，引入三维空间坐标系进行描述。

在三维空间直角坐标系下，质点的位置矢量可以采用坐标（x, y, z）的三个分量表示为

$$\boldsymbol{r}=x\boldsymbol{i}+y\boldsymbol{j}+z\boldsymbol{k}$$

在三维空间直角坐标系下，我们可以获得位置矢量 $\boldsymbol{r}$ 的大小$|\boldsymbol{r}|$为

$$|\boldsymbol{r}|=\sqrt{x^2+y^2+z^2}$$

位置矢量 $\boldsymbol{r}$ 的方向可以用方向余弦表示为

$$\begin{cases}\cos\alpha=\dfrac{x}{|\boldsymbol{r}|}\\ \cos\beta=\dfrac{y}{|\boldsymbol{r}|}\\ \cos\gamma=\dfrac{z}{|\boldsymbol{r}|}\end{cases}$$

任意时刻，质点的运动方程为

$$\boldsymbol{r}(t)=x(t)\boldsymbol{i}+y(t)\boldsymbol{j}+z(t)\boldsymbol{k} \tag{1.3.4}$$

运动方程的三个坐标分量称为参数方程，可表示为

$$\begin{cases}x=x(t)\\ y=y(t)\\ z=z(t)\end{cases} \tag{1.3.5}$$

当联合三个参数方程，消去时间 t 便可获得轨迹方程。轨迹方程可表示为

$$f(x,y,z)=0 \tag{1.3.6}$$

2. **位移矢量**

如图1.3.2所示，在平面直角坐标系下，位移可表示为

$$\Delta\boldsymbol{r}=\boldsymbol{r}_2-\boldsymbol{r}_1=\Delta x\boldsymbol{i}+\Delta y\boldsymbol{j} \tag{1.3.7}$$

式中，$\Delta x=x_2-x_1$，$\Delta y=y_2-y_1$，分别表示 x、y 方向上的位移。式（1.3.7）表明：在直角坐标系下，位移 $\Delta\boldsymbol{r}$ 等于各坐标方向上位移分量的矢量叠加。

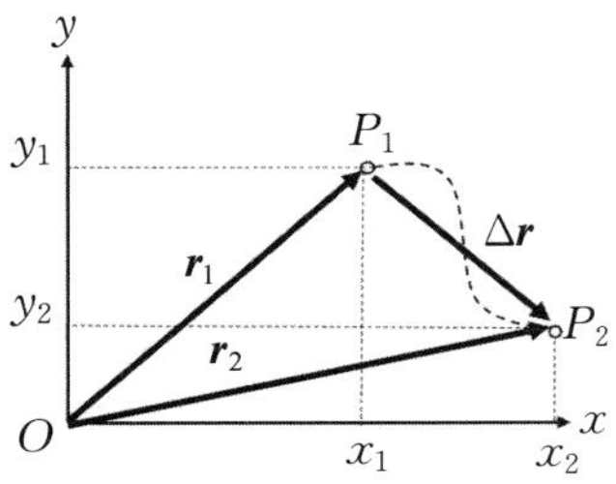

图1.3.2　位移的坐标描述

位移的大小为

$$|\Delta\boldsymbol{r}|=\sqrt{\Delta x^2+\Delta y^2}$$

值得注意的是，位移的大小并不是质点实际走过的路径长度，因此位移的大小不一定等于路程。

位移 $\Delta\boldsymbol{r}$ 的方向可以用方向余弦表示为

$$\begin{cases}\cos\alpha=\dfrac{\Delta x}{|\Delta\boldsymbol{r}|}\\ \cos\beta=\dfrac{\Delta y}{|\Delta\boldsymbol{r}|}\end{cases}$$

在三维空间直角坐标系下，位移可表示为

$$\Delta \boldsymbol{r}=\boldsymbol{r}_2-\boldsymbol{r}_1=\Delta x\boldsymbol{i}+\Delta y\boldsymbol{j}+\Delta z\boldsymbol{k}$$

式中，$\Delta x=x_2-x_1$，$\Delta y=y_2-y_1$，$\Delta z=z_2-z_1$，分别表示x、y和z方向上的位移。

位移的大小为

$$|\Delta \boldsymbol{r}|=\sqrt{\Delta x^2+\Delta y^2+\Delta z^2}$$

位移矢量$\Delta \boldsymbol{r}$的方向同样可以用方向余弦表示为

$$\begin{cases}\cos\alpha=\dfrac{\Delta x}{|\Delta \boldsymbol{r}|}\\ \cos\beta=\dfrac{\Delta y}{|\Delta \boldsymbol{r}|}\\ \cos\gamma=\dfrac{\Delta z}{|\Delta \boldsymbol{r}|}\end{cases}$$

3. **速度**

如图1.3.3所示，在平面直角坐标系下，质点的速度可表示为

$$\boldsymbol{v}=\frac{\mathrm{d}\boldsymbol{r}}{\mathrm{d}t}=\frac{\mathrm{d}x}{\mathrm{d}t}\boldsymbol{i}+\frac{\mathrm{d}y}{\mathrm{d}t}\boldsymbol{j}=v_x\boldsymbol{i}+v_y\boldsymbol{j} \tag{1.3.8}$$

即速度等于各坐标方向上速度分量的矢量叠加。

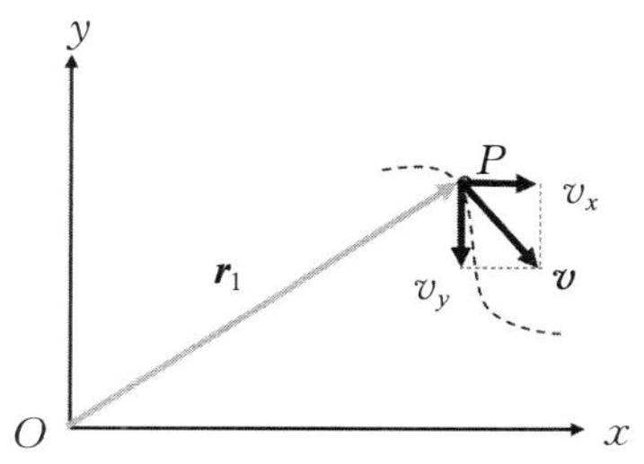

图1.3.3　速度的坐标描述

速度的大小为

$$|\boldsymbol{v}|=\left|\frac{\mathrm{d}\boldsymbol{r}}{\mathrm{d}t}\right|=\sqrt{v_x{}^2+v_y{}^2}$$

速度$\boldsymbol{v}$的方向可以用方向余弦表示为

$$\begin{cases}\cos\alpha=\dfrac{v_x}{|\boldsymbol{v}|}\\ \cos\beta=\dfrac{v_y}{|\boldsymbol{v}|}\end{cases}$$

在三维空间直角坐标系下，质点的速度可表示为

$$\boldsymbol{v}=\frac{\mathrm{d}\boldsymbol{r}}{\mathrm{d}t}=\frac{\mathrm{d}x}{\mathrm{d}t}\boldsymbol{i}+\frac{\mathrm{d}y}{\mathrm{d}t}\boldsymbol{j}+\frac{\mathrm{d}z}{\mathrm{d}t}\boldsymbol{k}=v_x\boldsymbol{i}+v_y\boldsymbol{j}+v_z\boldsymbol{k}$$

速度的大小为

$$|\boldsymbol{v}|=\left|\frac{\mathrm{d}\boldsymbol{r}}{\mathrm{d}t}\right|=\sqrt{v_x{}^2+v_y{}^2+v_z{}^2}$$

速度$\boldsymbol{v}$的方向同样可以用方向余弦表示为

$$\begin{cases}\cos\alpha=\dfrac{v_x}{|\boldsymbol{v}|}\\ \cos\beta=\dfrac{v_y}{|\boldsymbol{v}|}\\ \cos\gamma=\dfrac{v_z}{|\boldsymbol{v}|}\end{cases}$$

4. **加速度**

在平面直角坐标系下，质点的加速度可表示为

$$\boldsymbol{a}=\frac{\mathrm{d}\boldsymbol{v}}{\mathrm{d}t}=\frac{\mathrm{d}v_x}{\mathrm{d}t}\boldsymbol{i}+\frac{\mathrm{d}v_y}{\mathrm{d}t}\boldsymbol{j}=a_x\boldsymbol{i}+a_y\boldsymbol{j} \tag{1.3.9}$$

即加速度等于各坐标方向上加速度分量的矢量叠加。

加速度的大小为

$$a=\left|\frac{\mathrm{d}\boldsymbol{v}}{\mathrm{d}t}\right|=\sqrt{{a_x}^2+{a_y}^2}$$

加速度 $\boldsymbol{a}$ 的方向可以用方向余弦表示为

$$\begin{cases}\cos\alpha=\dfrac{a_x}{|\boldsymbol{a}|}\\[2ex]\cos\beta=\dfrac{a_y}{|\boldsymbol{a}|}\end{cases}$$

在三维空间直角坐标系下，质点的加速度可表示为

$$\boldsymbol{a}=\frac{\mathrm{d}\boldsymbol{v}}{\mathrm{d}t}=\frac{\mathrm{d}v_x}{\mathrm{d}t}\boldsymbol{i}+\frac{\mathrm{d}v_y}{\mathrm{d}t}\boldsymbol{j}+\frac{\mathrm{d}v_z}{\mathrm{d}t}\boldsymbol{k}=a_x\boldsymbol{i}+a_y\boldsymbol{j}+a_z\boldsymbol{k}$$

加速度的大小为

$$a=\left|\frac{\mathrm{d}\boldsymbol{v}}{\mathrm{d}t}\right|=\sqrt{{a_x}^2+{a_y}^2+{a_z}^2}$$

加速度 $\boldsymbol{a}$ 的方向可以用方向余弦表示为

$$\begin{cases}\cos\alpha=\dfrac{a_x}{|\boldsymbol{a}|}\\[2ex]\cos\beta=\dfrac{a_y}{|\boldsymbol{a}|}\\[2ex]\cos\gamma=\dfrac{a_z}{|\boldsymbol{a}|}\end{cases}$$

1.3.2 自然坐标系下的运动描述

1. **路程和运动方程**

质点运动过程中实际路径的长度称为路程，用 s 表示。质点在运动过程中，路程 s 随着时间发生变化，是时间 t 的函数。在自然坐标系中，通常采用路程随时间的变化关系作为路程的运动方程，其数学表达式为

$$s=s(t) \tag{1.3.10}$$

2. **速率和速度**

假设在一段时间 Δt 内，质点的路程为 $\Delta s=s(t_2)-s(t_1)$，在这一段时间内，质点位置变化的快慢可用路程与发生这一变化所用时间之比来描述，称为平均速率 $\bar{v}$，其数学表达式为

$$\bar{v}=\frac{\Delta s}{\Delta t} \tag{1.3.11}$$

质点运动过程中任意时刻路程变化的快慢采用瞬时速率（简称速率）v来描述，其数学表达式为

$$v=\lim_{\Delta t\to 0}\frac{\Delta s}{\Delta t}=\frac{\mathrm{d}s}{\mathrm{d}t} \tag{1.3.12}$$

式（1.3.12）表明：速率等于路程（运动方程）s对时间的一阶导数。速率是标量，等于速度的大小。速率是平均速率取时间间隔趋近于零的极限的结果。

速度的方向永远指向运动轨道的切向。因此，在自然坐标系中，速度可表示为速率与切向单位矢量的乘积，即

$$\boldsymbol{v}=v\boldsymbol{\tau}$$

3. **加速度**

在自然坐标系下，质点的加速度可表示为

$$\boldsymbol{a}=\frac{\mathrm{d}(v\boldsymbol{\tau})}{\mathrm{d}t}=\frac{\mathrm{d}v}{\mathrm{d}t}\boldsymbol{\tau}+\frac{v^2}{\rho}\boldsymbol{n}=a_\tau\boldsymbol{\tau}+a_n\boldsymbol{n} \tag{1.3.13}$$

式中，$a_\tau\boldsymbol{\tau}$表示切向加速度，$a_n\boldsymbol{n}$表示法向加速度。式（1.3.13）表明：切向加速度大小等于速率对时间的一阶导数，反映质点运动速度大小变化的快慢；法向加速度大小等于速率的平方与曲率半径ρ的比值，反映质点运动速度方向变化的快慢。由此，加速度等于切向加速度分量和法向加速度分量的矢量叠加。

加速度的大小为

$$a=\sqrt{a_\tau^2+a_n^2}$$

1.3.3 运动学的第一类问题

已知质点的运动方程，求速度、加速度等运动状态及状态变化的相关问题称为运动学第一类问题。

例1.1 已知质点的运动学方程为$\boldsymbol{r}=R\cos(\omega t)\boldsymbol{i}+R\sin(\omega t)\boldsymbol{j}$，式中，$\omega$和$R$是常量。求质点的轨迹方程、速度、加速度、法向加速度和切向加速度。

解 （1）轨迹方程。

由运动方程可得，质点在各个坐标轴方向上的参数方程为

$$x=R\cos\omega t$$
$$y=R\sin\omega t$$

消除时间t，可得轨迹方程

$$x^2+y^2=R^2$$

说明质点的运动轨道为半径为R的圆。

（2）速度。

根据直角坐标系下的速度公式

$$\boldsymbol{v}=\frac{\mathrm{d}\boldsymbol{r}}{\mathrm{d}t}=v_x\boldsymbol{i}+v_y\boldsymbol{j}$$

其中

$$v_x=\frac{\mathrm{d}x}{\mathrm{d}t}=-R\omega\sin\omega t$$

$$v_y=\frac{\mathrm{d}y}{\mathrm{d}t}=R\omega\cos\omega t$$

质点的速度为

$$\boldsymbol{v}=-R\omega\sin(\omega t)\boldsymbol{i}+R\omega\cos(\omega t)\boldsymbol{j}$$

速度的大小为

$$v=\sqrt{v_x^2+v_y^2}=R\omega$$

（3）加速度。

根据直角坐标系下的加速度公式

$$\boldsymbol{a}=\frac{\mathrm{d}\boldsymbol{v}}{\mathrm{d}t}=a_x\boldsymbol{i}+a_y\boldsymbol{j}+a_z\boldsymbol{k}$$

其中

$$a_x=\frac{\mathrm{d}v_x}{\mathrm{d}t}=-R\omega^2\cos\omega t$$

$$a_y=\frac{\mathrm{d}v_y}{\mathrm{d}t}=-R\omega^2\sin\omega t$$

因此，质点的加速度为

$$\boldsymbol{a}=-R\omega^2\cos(\omega t)\boldsymbol{i}-R\omega^2\sin(\omega t)\boldsymbol{j}$$

加速度的大小为

$$a=\sqrt{a_x{}^2+a_y{}^2}=R\omega^2$$

（4）切向加速度和法向加速度。

$$a_n=\frac{v^2}{R}=R\omega^2$$

$$a_\tau=\frac{\mathrm{d}v}{\mathrm{d}t}=0$$

提示

通过本题的计算，可以具体地看到运动方程在描述质点运动中的核心作用。

例 1.2 已知质点的运动方程为 $\boldsymbol{r}=t\boldsymbol{i}+t^2\boldsymbol{j}$ （SI），求 0～10 s 间质点的位移、路程、平均速度和平均速率，以及 10 s 时的速度大小、速率。

解 （1）位移。

$$\Delta\boldsymbol{r}=\boldsymbol{r}_{10}-\boldsymbol{r}_0=\Delta x\boldsymbol{i}+\Delta y\boldsymbol{j}=10\boldsymbol{i}+100\boldsymbol{j}\,(\mathrm{m})$$

（2）路程。

由运动方程可以求得质点运动的轨迹方程为

$$y=x^2$$

可以看到，质点运动的轨迹为抛物线。路程即为（0，0）坐标到（10，100）的抛物线长度。显然，在 $\Delta t=10\,\mathrm{s}$ 的时间跨度上，路程和位移的大小并不相等。当时间 Δt 趋近于零时，路程就等于位移的大小

$$\mathrm{d}s=\sqrt{(\mathrm{d}x)^2+(\mathrm{d}y)^2}=\sqrt{(\mathrm{d}t)^2+(2t\mathrm{d}t)^2}=\sqrt{1+4t^2}\,\mathrm{d}t$$

而总路程 $\Delta s_{0\sim10}$ 为由无数个趋近于零的微路程 ds 叠加获得

$$\Delta S_{0\sim10}=\int\mathrm{d}s=\int_0^{10}\sqrt{1+4t^2}\ \mathrm{d}t\approx101.1\,(\mathrm{m})$$

（3）速度大小。

根据题意，速度为

$$\boldsymbol{v}=\frac{\mathrm{d}\boldsymbol{v}}{\mathrm{d}t}=\boldsymbol{i}+2t\boldsymbol{j}$$

速度的大小为

$$|\boldsymbol{v}|=\sqrt{v_x^2+v_y^2}=\sqrt{1+4t^2}=\sqrt{401}\,(\mathrm{m/s})$$

（4）速率。

根据（1）中的计算结果，速率为

$$v=\frac{\mathrm{d}s}{\mathrm{d}t}=\sqrt{1+4t^2}=\sqrt{401}\,(\mathrm{m/s})$$

（5）平均速度。

在直角坐标系中，平均速度可表示为

$$\boldsymbol{v}=\frac{\Delta\boldsymbol{r}}{\Delta t}=\frac{10\boldsymbol{i}+100\boldsymbol{j}}{10}=\boldsymbol{i}+10\boldsymbol{j}\ (\mathrm{m/s})$$

平均速度的大小为

$$|\bar{\boldsymbol{v}}|=\sqrt{v_x^2+v_y^2}=\sqrt{101}\ (\mathrm{m/s})$$

（6）平均速率。

$$\bar{v}=\frac{\Delta s}{\Delta t}=10.11\ (\mathrm{m/s})$$

讨论

通过（1）和（2），讨论位移大小和路程的关系；

通过（3）和（4），讨论速度的大小和速率；

通过（3）～（6），讨论平均量和瞬时量的关系。

1.3.4 运动学的第二类问题

已知质点的运动状态，求运动方程的相关问题称为运动学

第二类问题。

例 1.3 质点沿 x 轴以匀加速度 a 做直线运动，已知 $t=0$ 时，质点的坐标为 x_0，初速度为 v_0，试求质点的速度和运动方程。

解 （1）速度。

由加速度定义

$$a=\frac{\mathrm{d}v}{\mathrm{d}t}$$

等式两端同时乘以 $\mathrm{d}t$，完成分离变量

$$\mathrm{d}v=a\mathrm{d}t$$

等式两端同时积分

$$\int_{v_0}^{v}\mathrm{d}v=a\int_0^t\mathrm{d}t$$

积分可得

$$\boldsymbol{v}=\boldsymbol{v}_0+\boldsymbol{a}t \tag{1.3.14}$$

（2）运动方程。

由速度定义

$$v=\frac{\mathrm{d}x}{\mathrm{d}t}$$

等式两端同时乘以 $\mathrm{d}t$，完成分离变量

$$\mathrm{d}x=v\mathrm{d}t$$

$$\mathrm{d}x=(v_0+at)\mathrm{d}t$$

等式两端同时积分

$$\int_{x_0}^{x}\mathrm{d}x=\int_0^t(v_0+at)\mathrm{d}t$$

积分可得

$$x=x_0+v_0t+\frac{1}{2}at^2 \tag{1.3.15}$$

联合式（1.3.14）和式（1.3.15），可得

$$v^2-v_0^2=2a(x-x_0)$$

提示

本题通过我们熟悉的匀加速直线运动的速度和运动方程等概念和公式，学习运动学第二类问题的求解方法。

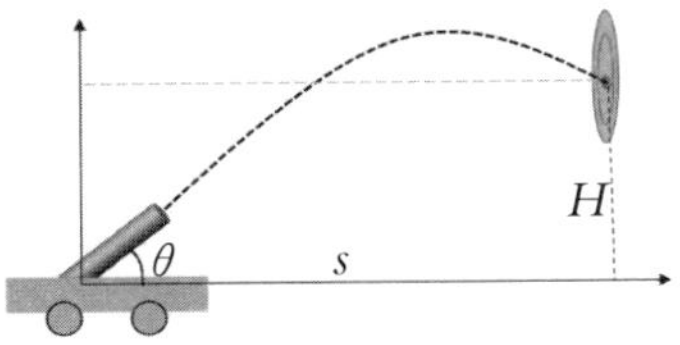

图1.3.4　例1.4用图

例 1.4 如图1.3.4所示，一枚炮弹以初速度 v_0 从炮口发射出去，要使炮弹命中距离炮口距离为 s、离地面高度为 H 的目标，求：

（1）炮身的仰角 θ；

（2）炮弹命中目标时的速度。

解 建立直角坐标系，炮弹发射过程中的加速度为

x 方向：

$$a_x=0 \tag{1.3.16a}$$

y 方向：

$$a_y=-g \tag{1.3.16b}$$

由于加速度是常数，因此，可以直接根据匀加速运动公式确定任意时刻的速度

x 方向：

$$v_x=v_0\cos\theta \tag{1.3.17a}$$

y 方向：

$$v_y=v_0\sin\theta-gt \tag{1.3.17a}$$

根据匀加速运动公式，确定炮弹在运动过程中的参数方程

x 方向：

$$x=v_0t\cos\theta \tag{1.3.18a}$$

y 方向：

$$y=v_0t\sin\theta-\frac{1}{2}gt^2 \tag{1.3.18b}$$

基于上述方程，我们可以对题中的问题进行求解.

(1) 命中目标时炮身的仰角 θ 。

命中目标时（假设 $t=t_1$ ）

x 方向：

$$s=v_0t_1\cos\theta \tag{1.3.19a}$$

y 方向：

$$H=v_0t_1\sin\theta-\frac{1}{2}gt_1^{\ 2} \tag{1.3.19b}$$

由式（1.3.19）知

$$\tan\theta=\frac{H+\frac{1}{2}gt_1^{\ 2}}{s}$$

$$t_1^{\ 2}=\left(\frac{s}{v_0\cos\theta}\right)^2=\left(\frac{s}{v_0}\right)^2(1+\tan^2\theta)$$

联立得

$$gs^2\tan^2\theta-2sv_0^{\ 2}\tan\theta+2Hv_0^{\ 2}+gs^2=0$$

解之得

$$\tan\theta=\frac{v_0^{\ 2}\pm\sqrt{sv_0^{\ 4}-gs(2Hv_0^{\ 2}+gs^2)}}{gs^2}$$

即

$$\theta_1=\arctan\frac{v_0^{\ 2}+\sqrt{sv_0^{\ 4}-gs(2Hv_0^{\ 2}+gs^2)}}{gs^2}$$

$$\theta_2=\arctan\frac{v_0^{\ 2}-\sqrt{sv_0^{\ 4}-gs(2Hv_0^{\ 2}+gs^2)}}{gs^2}$$

（2）命中目标时炮弹的速度。

根据式（1.3.19a），可得命中时间为

$$t_1=\frac{s}{v_0\cos\theta_1}$$

$$t_2=\frac{s}{v_0\cos\theta_2}$$

带入式（1.3.17）可得

$$v_{x_1}=v_0\cos\theta_1$$

$$v_{y_1}=v_0\sin\theta_1-gt_1$$

或

$$v_{x_2}=v_0\cos\theta_2$$

$$v_{y_2}=v_0\sin\theta_2-gt_2$$

提示

本题在例1.3的基础上，考虑了平面内的运动。

例1.5　猎人采用三点一线法在较远的射程内射击树上的猎物。猎人开枪瞬间，猎物看到猎枪发射时的火光受到惊吓而从树枝上由静止跌落下来。试问子弹能够打中猎物吗？

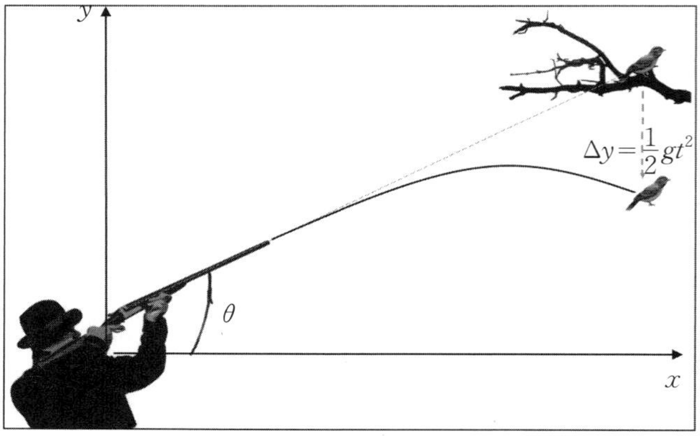

图1.3.5　例1.5用图

解　与例1.4相比，本题具有两个研究对象：一个是子弹，另一个是小鸟。根据例1.4的结果，我们能够很快写出子弹和小鸟的运动方程。

如图1.3.5所示，对于子弹，当其不受重力作用时，其运动方程为

x方向：

$$x=v_0t\cos\theta$$

y 方向：

$$y=v_0 t\sin\theta$$

在重力作用下，其运动方程为

x 方向：

$$x=v_0 t\cos\theta$$

y 方向：

$$y=v_0 t\sin\theta-\frac{1}{2}gt^2$$

可见，在重力作用下，子弹在竖直方向上将与不受重力的轨迹发生偏离，偏离的距离为

$$\Delta y=\frac{1}{2}gt^2 \tag{1.3.20}$$

这一结果意味着，如果小鸟的位置不变，则子弹无法命中小鸟。不幸的是，小鸟在开枪的瞬间做了自由落体运动，在0～t这段时间内，小鸟从树枝往下掉落的高度h为

$$h=\frac{1}{2}gt^2 \tag{1.3.21}$$

比较式（1.3.20）和式（1.3.21）可知，由于小鸟做自由落体运动，使得它下落的高度刚好与子弹偏离的距离相同。

因此，子弹必然命中小鸟。

重要概念回顾

1. **参考系和坐标系**

（1）参考系。

为了描述某一物体的运动必须选定另外的物体作为参照，这一被选作参考的物体称为参考系。

（2）坐标系。

为了定量地描述物体的运动，在参考系的基础上，引入固定在参考系上的一组坐标轴。常用的坐标系有直角坐标系、极坐标系和自然坐标系等。

2. **质点**

为了简化问题，在某些特定的环境下，通常可以忽略运动物体的大小和形状，将其抽象为只有质量而没有形状和大小的点，把这一理想模型称为质点。

3. 位置矢量 $\boldsymbol{r}$（简称位矢）

由参考系O点指向质点所在位置P的有向线段OP，称为质点的位置矢量，简称位矢，记作$\boldsymbol{r}$。在直角坐标系中，质点的位置矢量可以采用坐标（x, y, z）的三个分量表示为

$$\boldsymbol{r}=x\boldsymbol{i}+y\boldsymbol{j}+z\boldsymbol{k}$$

在直角坐标系中，我们可以获得位置矢量$\boldsymbol{r}$的大小$|\boldsymbol{r}|$为

$$|\boldsymbol{r}|=\sqrt{x^2+y^2+z^2}$$

位置矢量$\boldsymbol{r}$的方向可以用方向余弦表示为

$$\begin{cases}\cos\alpha=\dfrac{x}{|\boldsymbol{r}|}\\ \cos\beta=\dfrac{y}{|\boldsymbol{r}|}\\ \cos\gamma=\dfrac{z}{|\boldsymbol{r}|}\end{cases}$$

质点运动时其位置将随时间变化，此时位置矢量$\boldsymbol{r}$为时间t的函数，称为运动方程。

4. 位移矢量（简称位移）

位移是质点运动起点指向运动终点的一条有向线段，用$\Delta\boldsymbol{r}$表示。在直角坐标系中，位移矢量可表示为

$$\Delta\boldsymbol{r}=\boldsymbol{r}_2-\boldsymbol{r}_1=\Delta x\boldsymbol{i}+\Delta y\boldsymbol{j}+\Delta z\boldsymbol{k}$$

位移的大小为

$$|\Delta\boldsymbol{r}|=\sqrt{\Delta x^2+\Delta y^2+\Delta z^2}$$

5. 瞬时速度（简称速度）

速度等于运动方程$\boldsymbol{r}$对时间的一阶导数，表示质点运动过程中任意时刻位置的变化快慢。其数学表达式为

$$\boldsymbol{v}=\lim_{\Delta t\to 0}\frac{\Delta\boldsymbol{r}}{\Delta t}=\frac{\mathrm{d}\boldsymbol{r}}{\mathrm{d}t}$$

速度的方向永远指向运动轨迹的切线方向。

6. 平均加速度

质点在运动过程中，其速度会发生改变，在一段时间Δt内，质点的速度变化快慢可以采用平均加速度$\overline{\boldsymbol{a}}$表示，即速度变化量与发生这一变化所用时间之比。其数学表达式为

$$\overline{\boldsymbol{a}}=\frac{\Delta\boldsymbol{v}}{\Delta t}=\frac{\boldsymbol{v}_2-\boldsymbol{v}_1}{\Delta t}$$

在平面直角坐标系下，质点的加速度为

$$\boldsymbol{a}=\frac{\mathrm{d}\boldsymbol{v}}{\mathrm{d}t}=\frac{\mathrm{d}v_x}{\mathrm{d}t}\boldsymbol{i}+\frac{\mathrm{d}v_y}{\mathrm{d}t}\boldsymbol{j}+\frac{\mathrm{d}v_z}{\mathrm{d}t}\boldsymbol{k}$$

在自然坐标系下，质点的加速度为

$$\boldsymbol{a}=\frac{\mathrm{d}(v\boldsymbol{\tau})}{\mathrm{d}t}=a_\tau\boldsymbol{\tau}+a_n\boldsymbol{n}$$

7. **瞬时加速度（简称加速度）**

质点运动过程中任意时刻速度变化快慢采用瞬时加速度（简称加速度）来描述。瞬时加速度是平均加速度取时间间隔趋近于零的极限的结果，其数学表达式为

$$\boldsymbol{a}=\lim_{\Delta t\to 0}\frac{\Delta\boldsymbol{v}}{\Delta t}=\frac{\mathrm{d}\boldsymbol{v}}{\mathrm{d}t}$$

加速度 $\boldsymbol{a}$ 等于速度 $\boldsymbol{v}$ 对时间 t 的一阶导数。

8. **切向加速度**

切向加速度大小等于速率对时间的一阶导数，反映质点运动速度大小变化的快慢，可用公式表示为

$$a_\tau=\frac{\mathrm{d}v}{\mathrm{d}t}$$

切向加速度的方向永远指向运动轨道的切线方向。

9. **法向加速度**

法向加速度大小等于速率的平方与曲率半径 ρ 的比值，反映质点运动速度方向变化的快慢，可用公式表示为

$$a_n=\frac{v^2}{\rho}$$

法向加速度的方向永远指向运动轨道的法线方向。

思考题

1. 什么是运动方程？
2. 位移和路程有什么联系与区别？
3. 为什么说速度的大小等于速率？
4. 运动方程、位移、速度和加速度等物理量的相互关系是什么？

习　题

1. 一质点沿着 x 轴运动，其运动方程为 $x=2t^3-4t-5$ (SI)，求：

(1) t=0 s时和 $x=0$ 处的位移；

(2) t=0 s时和 $x=0$ 处的速度；

（3）t=0 s时和 $x=0$ 处加速度。

2. 一质点在 xOy 平面内运动，运动轨迹满足 $y=-x^2-2x$，$x=-2t^2$（SI），试求：

（1）$x=-8$ m时，质点的速率、速度和加速度；

（2）该质点的运动方程。

3. 已知质点的运动方程为 $x=R\cos kt$，$y=R\sin kt$（其中k和R是常数），求：

（1）轨迹方程；

（2）速度；

（3）速率；

（4）切向加速度和法向加速度；

（5）加速度；

（6）前10 s内的路程。

4. 一质点沿着 x 轴运动，初始位置为 x_0，初速度为 v_0，若加速度满足 $a=-Av$（其中A为常数），求任意时刻的速度和运动方程。

5. 质点从静止出发，任意时刻的加速度矢量 $\boldsymbol{a}=5t\boldsymbol{i}+4t^2\boldsymbol{j}$（SI），试求3 s时质点的速度和位置。

第2章　牛顿运动定律

章首问题

试从物理学的角度分析，陨石坠落到地球上会对地球产生哪些影响。

在第1章中，我们讨论了如何描述质点的运动，这部分在力学中属于运动学的内容。本章我们将进一步讨论物体运动及其运动状态变化的原因。

2.1　牛顿运动定律的内容

2.1.1　牛顿第一定律

牛顿第一定律　任何物体都会保持静止或者匀速直线运动状态，直到外力迫使它改变这种运动状态为止。

牛顿第一定律中包含着以下三个重要的概念。

1. **惯性**

任何物体都有保持其运动状态不变的特性，这种特性叫惯性。因此，牛顿第一定律也叫惯性定律。牛顿第一定律指出，惯性是维持运动的原因，而定量量度惯性的物理量是质量。

2. **力**

力是一个物体对另一个物体的作用。牛顿第一定律明确指出，合外力是物体运动状态变化的原因，从而揭示了力和运动的关系，即力是改变运动状态的原因，而不是维持运动的原因。

3. **惯性参考系**

牛顿第一定律定义了一种参考系。牛顿第一定律成立的参考系称为惯性参考系，即所受的合外力为零的参考性称为惯性参考系。

2.1.2　牛顿第二定律

牛顿第二定律　物体受到外力作用时，它所获得的加速度 $\boldsymbol{a}$ 的大小与合外力 F 的大小成正比，与物体的质量 m 成反比，加速度 $\boldsymbol{a}$ 的方向与合外力 $\boldsymbol{F}$ 的方向相同。其数学表达式为

$$\boldsymbol{F}=m\boldsymbol{a} \tag{2.1.1}$$

牛顿第二定律基于惯性参考系建立揭示力、加速度和惯性质量三者的定量关系。

（1）牛顿第二定律定量地描述了力和加速度之间的关系；

（2）牛顿第二定律定义了惯性质量；

（3）牛顿第二定律成立的条件：惯性参考系。

值得注意的是，对于式（2.1.1）成立的条件，除惯性参考系之外，还需要加上一条，即相对于光速做低速运动。这是因为牛顿第二定律更为普遍的表述为：作用于物体的合外力等于物体动量的时间变化率，其数学表达式为

$$\boldsymbol{F}=\frac{\mathrm{d}\boldsymbol{p}}{\mathrm{d}t}=\frac{\mathrm{d}(m\boldsymbol{v})}{\mathrm{d}t}=m\frac{\mathrm{d}\boldsymbol{v}}{\mathrm{d}t}+\boldsymbol{v}\frac{\mathrm{d}m}{\mathrm{d}t} \tag{2.1.2}$$

式（2.1.2）称为牛顿第二定律的微分形式。显然，当物体做低速运动时，质量为常数，式（2.1.2）变为式（2.1.1）。

在直角坐标系下，牛顿第二定律可用坐标轴的三个分量表示为

$$F_x=ma_x$$
$$F_y=ma_y$$
$$F_z=ma_z$$

在自然坐标系下，牛顿第二定律可表示为

$$F_\tau=ma_\tau$$
$$F_n=ma_n$$

2.1.3　牛顿第三定律

牛顿第三定律　两物体之间的作用力和反作用力，大小相等，方向相反且在同一直线上。

$$\boldsymbol{F}=-\boldsymbol{F}' \tag{2.1.3}$$

作用力与反作用力具有以下性质：

（1）作用力与反作用力作用在不同物体上；

（2）作用力与反作用力同时产生、同时消失；

（3）作用力与反作用力属于同种性质的力。

牛顿第三定律的意义：它在牛顿第一定律、牛顿第二定律的基础上，进一步将研究对象从单一物体（质点）拓展到了质点系。

2.2　常见的几种力

经典力学中所涉及的力主要有以下几类。

1. **万有引力**

实验表明，两个质量分别为 m_1 、m_2 质点间的万有引力与它们质量的乘积成正比，与它们之间距离 r 的平方成反比，方向是沿着两个质点之间的连线，其数学表达式为

$$F=-G\frac{m_1m_2}{r^2} \tag{2.2.1}$$

式中，G 称为引力常量。经实验测定，在国际单位制（SI）中，$G\approx 6.67\times 10^{-11}\ \mathrm{m^3/(kg\cdot s^2)}$。

2. **重力**

重力是由地球对物体的万有引力而引起的。在忽略地球自转的情况下，在地球表面或表面附近的物体，所受地球对它的吸引力约为重力 $\boldsymbol{G}$，其数学表达式为

$$\boldsymbol{G}=m\boldsymbol{g} \tag{2.2.2}$$

式中，$\boldsymbol{g}$ 是重力加速度，方向垂直于地面竖直向下指向地心。

3. **弹性力**

当物体被挤压发生形变后，产生恢复原状的力，称为弹性力。当弹簧发生形变时，其弹性力由胡克定律描述：

$$F=-k\Delta x \tag{2.2.3}$$

式中，k 为弹簧的劲度系数，Δx 为弹簧端点发生的形变，负号表示弹性力的方向与形变的方向相关。弹簧的弹力指向形变的相反方向，即指向恢复它形变的方向。

4. **摩擦力**

当两个相互接触的物体，在接触面上产生相对运动或有相对运动趋势时，物体的接触面间会产生一对阻碍相对运动或相对运动趋势的力，称为摩擦力，记为 $\boldsymbol{f}$ 。

摩擦力与两接触物体之间的正压力 $\boldsymbol{N}$ 有关，其大小满足如下关系式：

$$f=\mu N \tag{2.2.4}$$

式中，μ为摩擦系数。对应于滑动摩擦力和静摩擦力，摩擦系数可进一步分为动摩擦系数和静摩擦系数，一般情况下，两者不相等。

2.3　牛顿运动定律的应用

应用牛顿运动定律解题时，通常有以下几个步骤。

（1）明确动力学问题种类，找准分析问题的切入点。

质点的动力学主要讨论质点为什么会这样运动的问题，质点的动力学问题一般分为两类：第一类是已知受力情况，由牛顿运动定律求解其运动状态；第二类则是已知物体（质点）的运动状态，求物体（质点）的受力情况。因此，在应用牛顿运动定律时，需要明确动力学问题的种类，以便找准分析问题的切入点，确保顺利地分析和解决问题。

（2）确定研究对象，必要时分别进行受力分析。

对于动力学第一类问题，在确定研究对象之后，需要采用隔离法分别对研究对象进行受力分析。

（3）选取并建立合适的坐标系。

选择参考点，建立坐标系，常用的坐标系有直角坐标系和自然坐标系。

（4）列出动力学方程并求解。

在所建立的坐标系中，依据每一个研究对象的受力分析情况，列出研究对象在坐标分量上的运动学方程，并根据所列方程进行求解。

2.3.1 变力作用下的单体问题

例 2.1 一质量 m=10 kg 的质点在 F=120t+40（SI）合力作用下，沿直线运动。当 t=0 时，物体在 $x_0=5$ m 处，其速度 $v_0=6$ m/s，求物体任意时刻的速度和位置矢量。

解 根据牛顿第二定律确定质点的加速度

$$a=\frac{F}{m}=12t+4\ \mathrm{m/s^2}$$

（1）速度。

由加速度定义

$$a=\frac{\mathrm{d}v}{\mathrm{d}t}$$

等式两端同时乘以dt，完成分离变量

$$\mathrm{d}v=12t+4\mathrm{d}t$$

等式两端同时积分

$$\int_6^v \mathrm{d}v=\int_0^t(12t+4)\mathrm{d}t$$

可得

$$v=6t^2+4t+6\,(\mathrm{m/s})$$

（2）位置矢量（运动方程）

由速度定义

$$v=\frac{\mathrm{d}x}{\mathrm{d}t}$$

等式两端同时乘以dt，完成分离变量

$$\mathrm{d}x=v\mathrm{d}t$$

$$\mathrm{d}x=(6t^2+4t+6)\mathrm{d}t$$

等式两端同时积分

$$\int_5^x \mathrm{d}x=\int_0^t(6t^2+4t+6)\mathrm{d}t$$

可得

$$x=5+6t+2t^2+2t^3\,(\mathrm{m})$$

讨论

已知受力情况求物体的运动方程，属于动力学第一类问题。

例 2.2　一质量为 m 的物体从地面上的高空由静止坠落，假设物体所受空气阻力 f 与其速率成正比，阻力系数为 γ（γ 为大于零的常数），试讨论物体的运动情况。

解　根据题意，可得阻力与物体速率关系

$$f=-\gamma v$$

为了讨论物体运动情况，先求出速度方程。

根据牛顿第二定律可得

$$F=mg-\gamma v=m\frac{\mathrm{d}v}{\mathrm{d}t}$$

化简得

$$\frac{\mathrm{d}t}{m}=\frac{\mathrm{d}v}{mg-\gamma v}$$

考虑一段时间 $0 \sim t$，对上式两边积分

$$\int_0^t\frac{\mathrm{d}t}{m}=\int_{v_0}^{v}\frac{\mathrm{d}v}{mg-\gamma v}$$

可得

$$v=\frac{mg}{\gamma}\left(1-\mathrm{e}^{-\frac{\gamma}{m}t}\right)+v_0\mathrm{e}^{-\frac{\gamma}{m}t}$$

讨论

当时间 $t\to\infty$ 时，$v=\dfrac{mg}{\gamma}$，速度为常数，不再随时间增加。

例 2.3　如图 2.3.1 所示，有一质量为 M 的物体静止于水平地面上，物体与地面间的静摩擦系数为 μ，请问拉动物体所需要的最小拉力是多少？沿何方向？

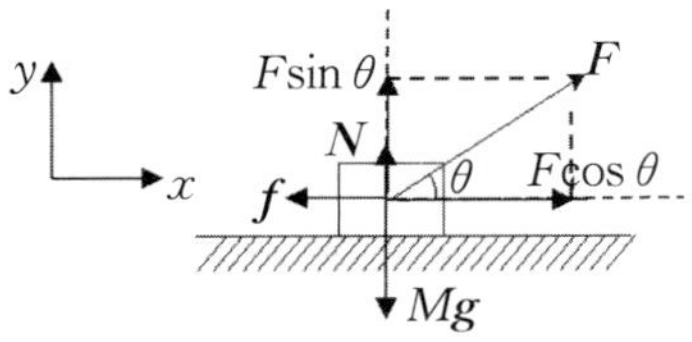

图 2.3.1　例 2.3 用图

解　如图 2.3.1 所示，以物体为研究对象，建立直角坐标系，并对物体进行受力分析。根据牛顿第二定律，可列出下列方程：

x 方向：

$$F\cos\theta-f=0$$
$$f=\mu N$$

y 方向：

$$F\sin\theta+N-Mg=0$$

联立可解得

$$F=\frac{\mu Mg}{\cos\theta+\mu\sin\theta}$$

求F的最小值，只需要求分母的最大值。

令

$$\frac{\mathrm{d}(\cos\theta+\mu\sin\theta)}{\mathrm{d}\theta}=0$$

求得

$$\tan\theta=\mu\text{，且}(\cos\theta+\mu\sin\theta)''<0$$

因此，当$\tan\theta=\mu$时，F取最小值。即

拉力方向：

$$\theta=\arctan\mu$$

最小拉力：

$$F_{\min}=\frac{\mu Mg}{\sqrt{1+\mu^2}}$$

2.3.2　自然坐标下的单体问题

例2.4　如图2.3.2所示，一质量为m的小球，系在长为l（质量不计）的细绳的一端，绳子的另一端固定在O点。令小球以O点为中心在铅垂面内做圆周运动，当小球运动到细绳与垂线夹角为θ时，它的速度大小为v。求：

（1）在该位置处小球的切向加速度和法向加速度的大小；

（2）此时绳子的张力T。

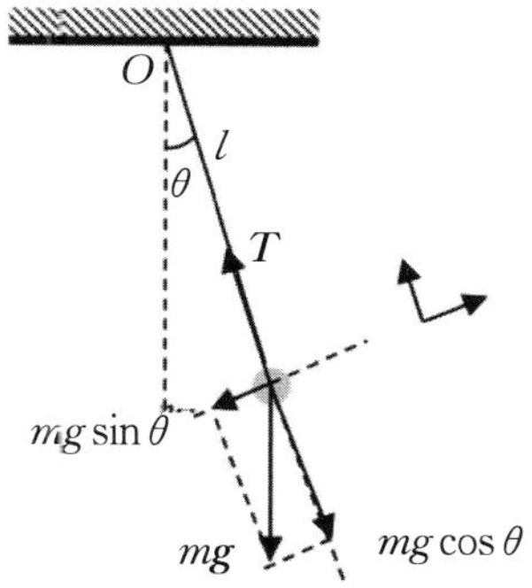

图2.3.2　例2.4用图

解　如图2.3.2所示，以小球为研究对象，建立自然坐标系，并进行受力分析。根据牛顿第二定律，有

切线方向：

$$-mg\sin\theta=ma_\tau$$

得

$$a_\tau=-g\sin\theta$$

法线方向：

$$T-mg\cos\theta=ma_n$$

得

$$a_n=\frac{v^2}{l}$$

联立求解得

$$T=mg\cos\theta+\frac{mv^2}{l}$$

例2.5　如图2.3.3所示，一重物m用绳悬起，绳的另一端系在天花板上，绳长l，重物被推动后，在一水平面内做匀速圆周运动，转速为n，求绳长l和摆角θ之间的关系。

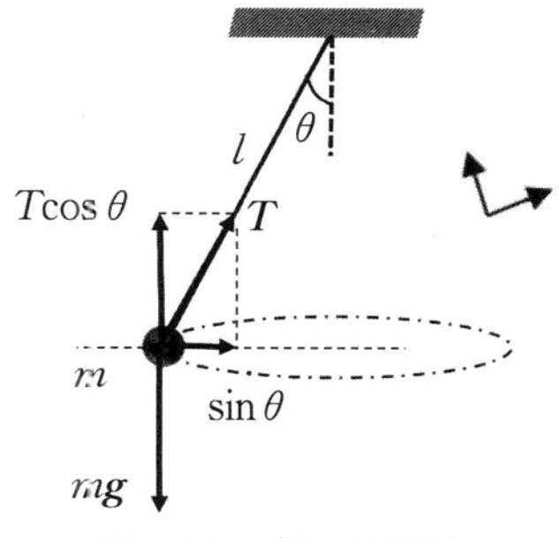

图2.3.3　例2.5用图

解　建立如图2.3.3所示的坐标方向，并对重物进行受力分析。

竖直方向：

$$mg-T\cos\theta=0$$

法线方向：

$$T\sin\theta = m\frac{v^2}{R}$$

根据题意

$$R = l\sin\theta$$
$$v = 2\pi Rn$$

联立求解得

$$\cos\theta = \frac{g}{4\pi^2 ln^2}$$

讨论

可见摆角与摆长和转速有关，与摆球质量无关。

2.3.3　连接体问题

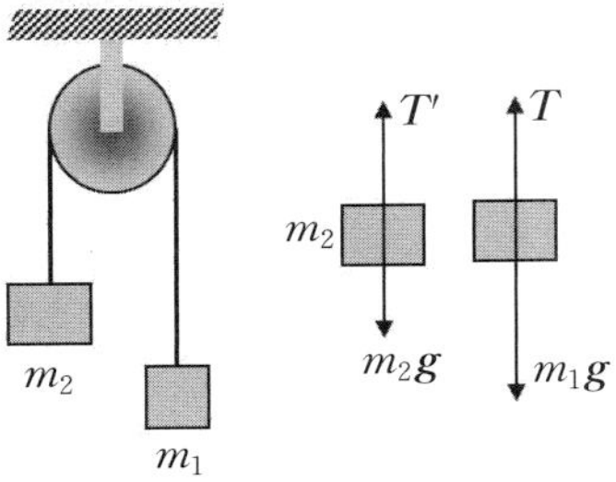

(a) 示意图　(b) 受力分析图

图2.3.4　例2.6用图

例2.6　如图2.3.4（a）所示，一轻绳跨过定滑轮，绳两端分别悬挂质量为 m_1 和 m_2 的物体($m_1 > m_2$)，求物体被释放之后所获得的加速度和绳子的张力。

解　如图2.3.4（b）所示，根据题意，分别对 m_1 和 m_2 两物体进行受力分析，再分别对 m_1 和 m_2 应用牛顿第二定律，有

对 m_1：

$$m_1g - T = m_1a$$

对 m_2：

$$T' - m_2g = m_2a'$$

根据牛顿第三运动定律

$$T' = T$$
$$a' = a$$

联立求解得

$$a = \frac{m_1 - m_2}{m_1 + m_2}g$$
$$T = \frac{2m_1m_2}{m_1 + m_2}g$$

讨论

两个物体通过定滑轮连接，对于轻质定滑轮而言，滑轮两端绳子拉力大小相等；定滑轮两端所挂物体的加速度、速度和位移的大小相等。

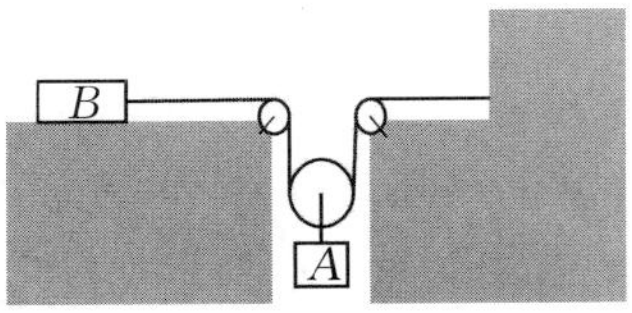

(a) 示意图

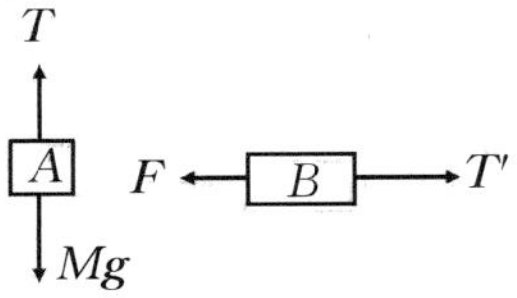

(b) 受力分析图

图2.3.5　例2.7用图

例2.7　如图2.3.5（a）所示，已知两物体 A、B 的质量均为 M，物体 A 以加速度 a 运动，求物体 B 与桌面间的摩擦力。（轮滑与绳子的质量不计）

解　如图2.3.5（b）所示，根据题意，分别对A和B两物体进行受力分析，再分别对A和B物体应用牛顿第二定律，有
对A：

$$Mg-T=Ma$$

对B：

$$T'-F=Ma'$$

根据牛顿第三定律

$$2T'=T$$
$$a'=2a$$

联立求解得

$$F=\frac{Mg-5Ma}{2}$$

提示

在本题中，A和B通过动滑轮连接，导致两物体的运动状态不同。

重要概念回顾

1. **牛顿运动定律的内容**

（1）牛顿第一定律：任何物体都会保持静止或者匀速直线运动状态，直到外力迫使它改变这种运动状态为止。

（2）牛顿第二定律：物体受到外力作用时，它所获得的加速度的大小与物体所受的合外力的大小成正比，与物体的质量成反比，加速度的方向与合外力的方向相同。

（3）牛顿第三定律：两物体之间的作用力和反作用力，大小相等，方向相反且在同一直线上。

2. **牛顿第一定律中的重要概念**

（1）惯性。

任何物体都有保持其运动状态不变的特性，这种特性叫惯性。惯性是维持运动的原因，而定量量度惯性的物理量是质量。

（2）力。

力是一个物体对另一个物体的作用；力是物体运动状态变化的原因。

(3) 惯性参考系。

牛顿第一定律成立的参考系称为惯性参考系，即所受的合外力为零的参考系称为惯性参考系。判断一个参考系是否为惯性参考系的方法是观察和实验。

3. 牛顿第二定律有关内容

牛顿第二定律更为普遍的表达式为

$$\boldsymbol{F}=\frac{\mathrm{d}\boldsymbol{p}}{\mathrm{d}t}=\frac{\mathrm{d}(m\boldsymbol{v})}{\mathrm{d}t}=m\frac{\mathrm{d}\boldsymbol{v}}{\mathrm{d}t}+\boldsymbol{v}\frac{\mathrm{d}m}{\mathrm{d}t}$$

即作用于物体的合外力等于物体动量的时间变化率，上式通常也称为牛顿第二定律的微分形式。当m为常数时，上式即为

$$\boldsymbol{F}=m\boldsymbol{a}$$

4. 牛顿第三定律的性质

(1) 作用力与反作用力作用在不同物体上。

(2) 作用力与反作用力同时产生、同时消失。

(3) 作用力与反作用力属于同种性质的力。

5. 应用牛顿运动定律解题的基本步骤

(1) 明确动力学问题种类，找准分析问题的切入点。

(2) 确定研究对象，必要时分别进行受力分析。

(3) 选取并建立合适的坐标系。

(4) 列出动力学方程并求解。

思考题

1. 地球是惯性参考系吗？为什么？

2. 根据牛顿运动定律，当太空陨石飞向地球时，地球会受到哪些影响？

3. 物体的运动方向和合外力的方向有什么关系？

4. 物体所受的合外力和物体的速率有什么关系？

5. 物体的运动和物体所受的合外力有什么关系？

习　题

1. 如习题1图所示，一质量为m的小球，系在长为l的轻绳一端，形成单摆悬挂于天花板上的O点，现让小球从水平位置

静止释放，当单摆下落的角度为θ时，它的速度大小为v。求：

（1）此时小球受到绳子的拉力T；

（2）小球的切向加速度和法向加速度。

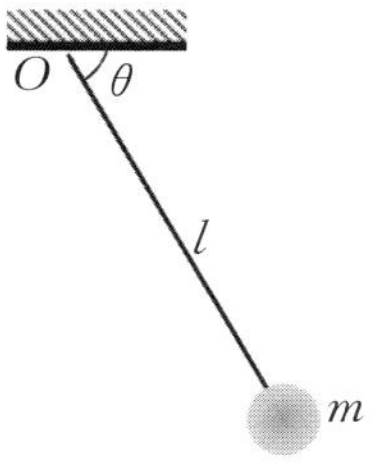

习题1图

2. 如习题2图所示，将质量为m的小球系在倾角为θ的斜面上。

（1）当斜面以$2g$的加速度沿着水平向右运动，则绳子的拉力和斜面对球的支持力为多少？

（2）加速度为多少时，球所受的拉力为零？

（3）加速度为多少时，球所受的支持力为零？

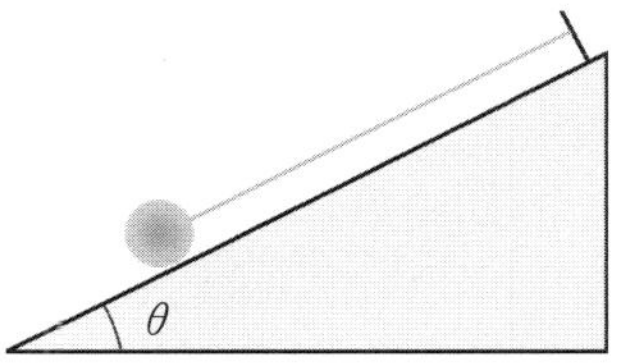

习题2图

3. 一个圆锥摆的摆线长为L，摆线与竖直方向的夹角为α，求摆锤转动的周期。

4. 如习题4图所示，质量分别为M_A和M_B的两个物体跨过定滑轮放在倾角分别为α和β的斜面上，轮滑和绳子的质量忽略不计，则两物体的加速度和绳子的拉力为多少？请判断两物体会如何运动。

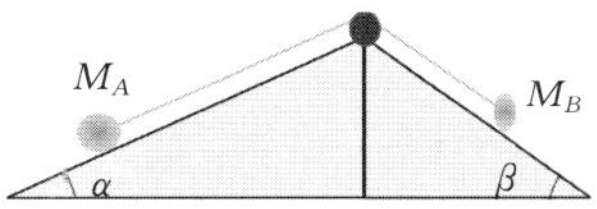

习题4图

5. 如习题5图所示，一绳子一端固定于天花板的O点，另一端系一质量为m_a的木块，跨过滑轮组。滑轮组由定滑轮A和动滑轮B组成，其中动滑轮B下端挂一个质量为m_b的木块。求两木块的加速度和绳子的张力。

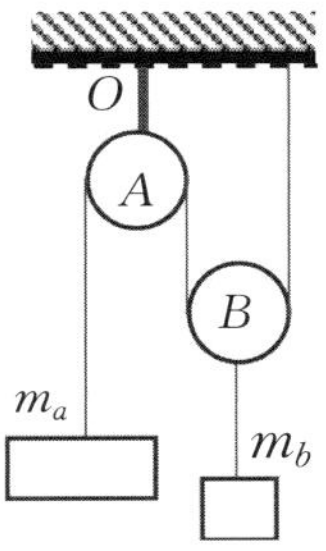

习题5图

第3章　动量守恒定律和能量守恒定律

章首问题

近年来，我国在月球和火星探测工程中取得了举世瞩目的成就。你知道将探测器发射到月球和火星等星体时，对运载火箭的发射速度有什么要求吗？

在第2章中，我们讨论了牛顿运动定律。我们知道，力是一个状态量，物体所受的合外力是使其运动状态发生变化的原因。本章通过考虑时间和空间两个维度，讨论力的积累效应。

3.1　动量定理

3.1.1　质点的动量定理

1. 力的冲量

力的冲量是从 t_1 到 t_2 的一段时间内对力进行矢量叠加的结果，即冲量等于力对时间的积分，可表示为

$$\boldsymbol{I}=\int_{t_1}^{t_2}\boldsymbol{F}\mathrm{d}t \tag{3.1.1}$$

冲量是力的作用对时间的积累效应，是过程量。在国际单位制（SI）中，冲量的单位为牛顿·秒（N·s）。

2. 质点的动量定理

根据牛顿第二定律

$$\boldsymbol{F}=\frac{\mathrm{d}\boldsymbol{p}}{\mathrm{d}t}$$

等式两端同乘以 $\mathrm{d}t$，得

$$\boldsymbol{F}\mathrm{d}t=\mathrm{d}\boldsymbol{p}$$

考虑时间从 t_1 到 t_2 的过程，对应的动量分别为 $\boldsymbol{p}_1$ 到 $\boldsymbol{p}_2$，同时对上式两端积分，即为质点的动量定理

$$\int_{t_1}^{t_2}\boldsymbol{F}\mathrm{d}t=\int_{p_1}^{p_2}\boldsymbol{p}\mathrm{d}t=m\boldsymbol{v}-m\boldsymbol{v}_0$$

质点的动量定理

$$\boldsymbol{I}_{合}=m\boldsymbol{v}-m\boldsymbol{v}_0 \tag{3.1.2}$$

质点的动量定理表明：质点在一段时间内所受合外力的冲量，等于质点在这段时间内动量的变化量。

在直角坐标系下，式（3.1.2）可进一步表示为

$$I_x=mv_x-mv_{x_0} \tag{3.1.3a}$$

$$I_y = mv_y - mv_{y_0} \tag{3.1.3b}$$

$$I_z = mv_z - mv_{z_0} \tag{3.1.3c}$$

式（3.1.3）表明：质点在某一方向上所受合外力的冲量，等于该方向上质点动量的变化量。

例 3.1　一物体质量 m=2 kg，受合外力 F=(3+2t)$\boldsymbol{i}$（SI）的作用，初速度为 $\boldsymbol{v}_0=5\boldsymbol{j}$，求第1 s末物体的速度。

解　方法一：质点的动量定理。

由动量定理

$$\int_0^1 \boldsymbol{F}\mathrm{d}t = m\boldsymbol{v} - m\boldsymbol{v}_0$$

带入已知条件

$$\int_0^1 (3+2t)\boldsymbol{i}\mathrm{d}t = 2\boldsymbol{v} - 10\boldsymbol{j}$$

解得

$$\boldsymbol{v} = 2\boldsymbol{i} + 5\boldsymbol{j}\ (\mathrm{m/s})$$

方法二：分离变量法。

根据牛顿第二定律

$$\boldsymbol{F} = m\boldsymbol{a}$$

可得

$$\boldsymbol{a} = \frac{\boldsymbol{F}}{m} = \frac{3+2t}{2}\boldsymbol{i}$$

由加速度的公式

$$\boldsymbol{a} = \frac{\mathrm{d}\boldsymbol{v}}{\mathrm{d}t}$$

等式两边同时乘以dt

$$\mathrm{d}\boldsymbol{v} = \boldsymbol{a}\mathrm{d}t$$

考虑一段时间0～1 s，上式两边同时积分

$$\int_{v_0}^{v} \mathrm{d}\boldsymbol{v} = \int_0^1 \boldsymbol{a}\mathrm{d}t$$

可得

$$\boldsymbol{v} = 2\boldsymbol{i} + 5\boldsymbol{j}\ (\mathrm{m/s})$$

讨论

本题采用动量定理和分离变量法两种方法计算了物体的速度。通过计算和比较可以看到，动量定理并不是一个独立于牛顿运动定律的新结论，它在牛顿运动定律的基础上考虑了力的时间积累效应。因此，在某种程度上，动量定理属于牛顿运动定律的一个拓展。

例3.2　质量为m的小球在水平面内以角速度ω匀速转动，在小球运动一周的过程中，求：

（1）小球所受重力的冲量大小；

（2）小球所受拉力的冲量大小。

解　（1）根据冲量的定义，重力的冲量为

$$\boldsymbol{I}_G=\int_0^T m\boldsymbol{g}\mathrm{d}t=m\boldsymbol{g}T=\frac{2\pi m\boldsymbol{g}}{\omega}\quad(\mathrm{N\cdot s})$$

重力冲量的大小为

$$I_G=\frac{2\pi mg}{\omega}\quad(\mathrm{N\cdot s})$$

（2）根据动量定理

$$\int_0^T \boldsymbol{G}+\boldsymbol{F}\mathrm{d}t=m\boldsymbol{v}-m\boldsymbol{v}_0$$

小球摆动一周的过程，动量变化为零，因此

$$\int_0^T \boldsymbol{G}+\boldsymbol{F}\mathrm{d}t=0$$

拉力的冲量为

$$\boldsymbol{I}_F=\int_0^T \boldsymbol{F}\mathrm{d}t=-\int_0^T \boldsymbol{G}\mathrm{d}t$$

因此，拉力的冲量大小为

$$I_F=\frac{2\pi mg}{\omega}\quad(\mathrm{N\cdot s})$$

注意：本题中拉力的冲量大小也可以通过图示法求得。

提示

通过本题的计算可以看到，冲量是在一段时间内对力进行矢量叠加的结果。

例3.3　如图3.1.1所示，用质量为m的鸡蛋，从高h=1 m的空中静止释放，分别落到水泥地和沙地上，与地面碰撞时间分别为0.01 s和0.1 s，则鸡蛋受地面的平均冲力大小分别为多少？

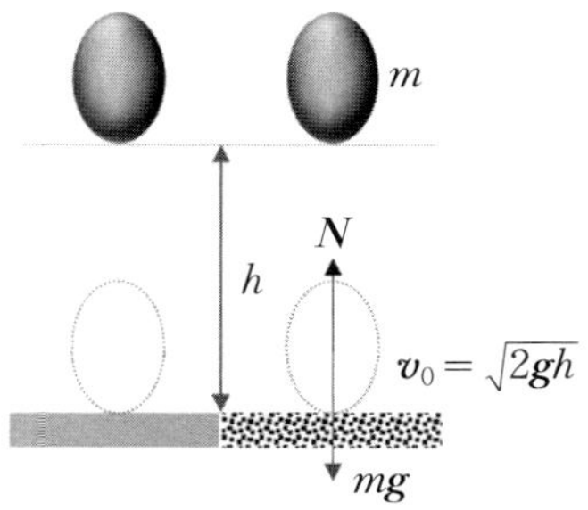

图3.1.1　例3.3用图

解　根据题意，以鸡蛋为研究对象，其下落过程在重力作用下加速，刚刚接触地面时，获得的初速度为

$$v_0=\sqrt{2gh}$$

如图3.1.1所示，碰撞过程受到重力和地面冲力，根据动量定理可得

$$(N-mg)t=mv-mv_0$$

式中，N为平均冲力，mv和mv_0分别为末态动量和初态动量。因此

$$N=\frac{mv-mv_0}{t}+mg$$

其中，末态动量 $mv=0$，刚接触地面时的初态动量为

$$mv_0=-m\sqrt{2gh}$$

带入上式可得

$$N=\frac{m\sqrt{2gh}}{t}+mg$$

水泥地板：$t=0.01\,\text{s}$，平均冲力 $N_{水泥}$ 为

$$N_{水泥}=\left(\frac{\sqrt{20}}{0.01}+10\right)m=457m$$

沙地：$t=0.1\,\text{s}$，平均冲力 $N_{沙}$ 为

$$N_{沙}=\left(\frac{\sqrt{20}}{0.1}+10\right)m=54.7m$$

可见，平均冲力与接触时间密切相关。

3.1.2 质点系的动量定理

1. 质点系

质点系是指两个或两个以上的研究对象（质点）的集合，简称系统。为了便于对系统进行讨论，通常把作用在系统中的力分为两类，即内力和外力。其中，内力是指系统中各质点间的作用力，而外力则是指系统以外的物体施加给系统内质点的力。

根据上述的分类不难推知：系统中的内力总是以作用力和反作用的形式成对出现，系统的内力之和一定等于零。

2. 质点系的动量定理

如图3.1.2所示为质量分别为 m_1 和 m_2 的两点质点组成的质点系，$\boldsymbol{F}_1$ 和 $\boldsymbol{F}_2$ 为外力，$\boldsymbol{F}_{12}$ 和 $\boldsymbol{F}_{21}$ 为内力，对两质点分别应用质点动量定理。

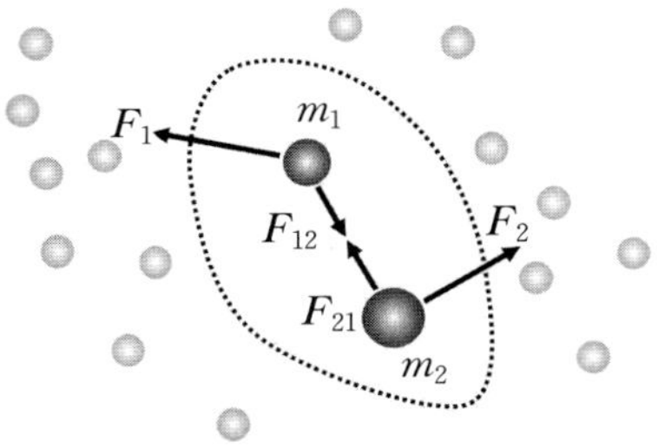

图3.1.2 质点系的动量定理

对 m_1：

$$\int_{t_1}^{t_2}(\boldsymbol{F}_1+\boldsymbol{F}_{12})\mathrm{d}t=m_1\boldsymbol{v}_1-m_1\boldsymbol{v}_{10}$$

对 m_2：

$$\int_{t_1}^{t_2}(\boldsymbol{F}_2+\boldsymbol{F}_{21})\mathrm{d}t=m_2\boldsymbol{v}_2-m_2\boldsymbol{v}_{20}$$

由于内力之和等于零，上面两式左右两边对应相加可得

$$\int_{t_1}^{t_2}(\boldsymbol{F}_1+\boldsymbol{F}_2)\mathrm{d}t=(m_1\boldsymbol{v}_1+m_2\boldsymbol{v}_2)-(m_1\boldsymbol{v}_{10}+m_2\boldsymbol{v}_{20}) \qquad (3.1.4)$$

式（3.1.4）表明：对于两个质点构成的系统，合外力对质点系统的冲量，等于质点系总动量的增量。

事实上，不难证明，对于由更多质点构成的系统，仍具有一致的结论：

$$\boldsymbol{I}_{外}=\int_{t_1}^{t_2}\boldsymbol{F}_{外}\mathrm{d}t=\boldsymbol{p}-\boldsymbol{p}_0 \tag{3.1.5}$$

式（3.1.5）即为系统的动量定理，式中，$\boldsymbol{p}$ 为系统末态总动量，$\boldsymbol{p}_0$ 为系统初态总动量。

系统的动量定理表明：系统所受的合外力的冲量等于系统总动量的增量。根据系统的动量定理不难推知：系统总动量的变化是由合外力引起的，与系统的内力无关。

3.2　动量守恒定律

由式（3.1.5）质点系的动量定理

$$\boldsymbol{I}_{外}=\int_{t_1}^{t_2}\boldsymbol{F}_{外}\mathrm{d}t=\boldsymbol{p}-\boldsymbol{p}_0$$

可看出，当$F_{外}$=0时

$$\boldsymbol{p}=常矢量 \tag{3.2.1}$$

即当系统所受的合外力等于零时，系统的总动量保持不变。这一结论称为动量守恒定律。

对于动量守恒定律，需要注意以下几点。

（1）在直角坐标系统下，动量守恒定律可以进一步表示为

$$\begin{cases}当F_{外x}=0时，p_x=常矢量\\当F_{外y}=0时，p_y=常矢量\\当F_{外z}=0时，p_z=常矢量\end{cases} \tag{3.2.2}$$

式（3.2.2）表明：系统在某个方向上所受的合外力等于零时，则该方向上系统的总动量保持不变。

（2）当内力远远大于外力时，尽管系统所受的合外力不为零，系统仍然可以视为动量守恒。

例3.4　如图3.2.1所示，一辆质量为M的平顶小车静止在光滑的水平轨道上，现有一质量为m的物体以水平速度 v_0 滑向车顶。物体与车顶之间的动摩擦因素为μ，求：

（1）物体滑上车顶到相对车顶静止所需要的时间；

（2）要使物体不滑下车顶，车长至少为多少。

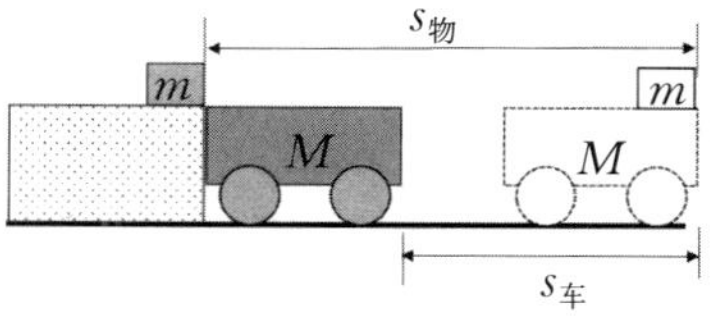

图3.2.1　例3.4用图

解　（1）该系统水平方向不受外力，且动量守恒。假设物体相对车顶静止的速度为v，则有

$$mv_0=(M+m)v$$

对物体m应用动量定理，则有

$$-\mu mgt=mvmv_0$$

解得

$$t=\frac{mv_0}{\mu(M+m)g}$$

（2）物体相对地面的加速度：

$$a=-\mu g$$

物体相对地面运动的距离

$$s_{物}=\frac{(v^2-v_0^2)}{2a}$$

小车相对地面的加速度

$$a_0=\frac{\mu mg}{M}$$

小车相对地面运动的距离

$$s_{物}=\frac{v^2}{2a}$$

由图3.2.1知，最短车长L为

$$L=s_{物}-s_{车}=\frac{Mv_0^2}{2\mu g(M+m)}$$

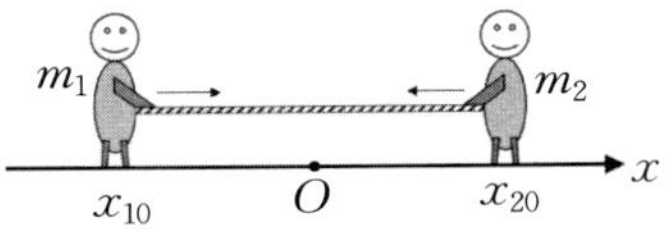

图3.2.2　例3.5用图

例3.5　如图3.2.2所示，质量为m_1和m_2的两个小孩，在光滑的水平冰面上用绳子拉对方。开始时两人静止，相距l。请问他们相遇时，位移分别为多少？

解　把两个小孩和绳看作一个系统，水平方向不受外力，且动量守恒。

为了便于计算，我们建立如图3.2.2所示的坐标系。以两个小孩的中点为原点O，取向右为x轴的正方向。设开始时质量为m_1的小孩1坐标为x_{10}，质量为m_2的小孩2坐标为x_{20}，他们在任意时刻的速度分别为v_1和v_2，相应坐标为x_1和x_2。

对于小孩1，由运动学公式得

$$x_1=x_{10}+\int_0^t v_1\mathrm{d}t$$

对于小孩2，由运动学公式得

$$x_2=x_{20}+\int_0^t v_2\mathrm{d}t$$

在相遇时，$x_1=x_2$，于是有

$$x_{10}+\int_0^t v_1\mathrm{d}t=x_{20}+\int_0^t v_2\mathrm{d}t$$

即

$$x_{10}-x_{20}=\int_0^t (v_2-v_1)\mathrm{d}t$$

又由动量守恒

$$m_1v_1+m_2v_2=0$$

代入上式得

$$x_{10}-x_{20}=\int_0^t -\left(\frac{m_1}{m_2}+1\right)v_1\mathrm{d}t=\frac{m_1+m_2}{m_2}\int_0^t -v_1\mathrm{d}t$$

即

$$\int_0^t v_1\mathrm{d}t=\frac{m_2x_{20}-m_2x_{10}}{m_1+m_2}$$

可得,小孩1的位移

$$x_1-x_{10}=\int_0^t v_1\mathrm{d}t=\frac{m_2x_{20}-m_2x_{10}}{m_1+m_2}=-\frac{m_2 l}{m_1+m_2}$$

小孩2的位移

$$x_2-x_{20}=\int_0^t v_2\mathrm{d}t=\frac{m_1x_{20}-m_1x_{10}}{m_1+m_2}=\frac{m_1 l}{m_1+m_2}$$

讨论

事实上，我们也可以采用质心的概念来思考本题。把两个小孩看成一个系统，则系统的质量为两个小孩质量的总和，即

$$m_C=m_1+m_2$$

假设在任意时刻，该系统的质量 m_C 集中于一点 x_C，则这一点称为质心。事实上，质心是与系统质量分布有关的一个代表点，它的位置在平均意义上代表着质量分布的中心。两小孩组成的系统，任意时刻质心的坐标 x_C 可以用公式表示为

$$x_C=\frac{m_1x_1+m_2x_2}{m_1+m_2}$$

根据速度的定义，不难求得两个小孩的质心速度为

$$v_C=x_C'=\frac{m_1v_1+m_2v_2}{m_1+m_2}$$

质心的加速度为

$$a_C=v_C'=\frac{m_1a_1+m_2a_2}{m_1+m_2}$$

上式可进一步化简为

$$(m_1+m_2)a_C=m_1a_1+m_2a_2=F_{1内}+F_{1外}+F_{2内}+F_{2外}$$

对于两个小孩组成的系统

$$F_{1内}+F_{2内}=0$$

因此

$$F_{外}=F_{1外}+F_{2外}=(m_1+m_2)a_C$$

这一结论表明：无论两个小孩怎么运动，不管外力作用于哪里，好像所有的外力都作用在两个小孩组成的系统的质心上，两个小孩的运动可看成是全部质量集中在质心上的一个质点的运动。

显然，可以进一步推知：对于合外力为零的系统，其质心速度为一常数。

在例3.5中，系统所受的外力为零，且系统开始时处于静止状态，因此，不论两个小孩怎么运动，系统的速度都为零，即无论两个小孩怎么运动，系统的质心位置从未发生变化。

因此，两个小孩最终在质心处相遇，即在

$$x_C=\frac{m_1x_1+m_2x_2}{m_1+m_2}$$

处相遇。

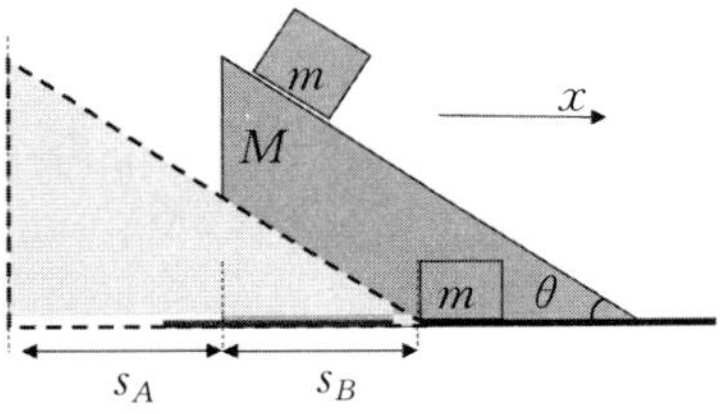

图3.2.3　例3.6用图

例3.6　如图3.2.3所示，质量为M、倾角为θ的光滑斜面A静止在光滑的平面上，斜面的底端长度为L。现有一质量为m的物体B从斜面的顶点处沿着斜面下滑，求当物体B滑到斜面A的底端时斜面的位移。

解　关键点：质点运动方程+动量守恒定律。

建立水平直角坐标系，物体B在下滑过程中，AB组成的系统在水平方向的合外力为零，动量守恒。假设物体B的水平速度大小为v_x，斜面A的水平速度大小为V_x。根据动量守恒定律，可得

$$0=mv_x-MV_x$$

在下滑过程中的任意时刻，物体B的位移大小可表示为

$$|\Delta x|=\int_0^t v_x\mathrm{d}t$$

斜面A的位移大小可表示为

$$|\Delta X|=\int_0^t V_x\mathrm{d}t$$

物体B滑到斜面A底端时，对斜面A

$$|\Delta X|=s_A$$

对物体B

$$|\Delta x|=s_B=\int_0^t v_x\mathrm{d}t=\int_0^t\frac{MV_x}{m}\mathrm{d}t=\frac{M}{m}s_A$$

由图3.2.3可见

$$s_B+s_A=L\cos\theta$$

联立可解得

$$s_A=\frac{Lm\cos\theta}{M+m}$$

讨论

例3.4～3.6属于“两体”问题，对于此类问题，我们可以

运用运动方程、动量定理、动量守恒的相关结论，并结合运动过程两物体位置、速度、加速度等的相互关系画图形、列方程进行求解。

此外，对于两个或两个以上物体组成的系统，采用质心相关的结论进行分析，通常会简化问题。

事实上，此类问题也可以从空间的角度进行考虑。

3.3　动能定理

3.3.1　功

1. 恒力的功

$$W=\boldsymbol{F}\cdot\Delta\boldsymbol{r} \tag{3.3.1}$$

即恒力的功等于力和位移的点乘（标量积）。

功是过程量，表示力对空间的积累效应。功是标量，其单位是焦耳，简称焦，符号是J，1 J =1 N·m。

根据矢量点乘法则：

$$W=\boldsymbol{F}\cdot\Delta\boldsymbol{r}=F|\Delta\boldsymbol{r}|\cos\theta$$

$|\Delta\boldsymbol{r}|\cos\theta$ 可以视为力方向上的位移，即功等于力的大小乘以力方向上的位移。

在直角坐标系下：

$$W=\boldsymbol{F}\cdot\Delta\boldsymbol{r}=F_x\Delta x+F_y\Delta y+F_y\Delta y$$

总功等于各个坐标分量的力做功的代数和。

2. 变力的功

对于变力而言，其大小和方向随着位置的变化而变化，在这种情况下，式（3.3.1）不再适用。然而，当质点的位移趋近于零时，即 $\Delta\boldsymbol{r}\to 0$ ，在这段非常微小的位移上，力可以视为恒力。因此，变力所做的功可以分成许多微小的功（ $\boldsymbol{F}\cdot\mathrm{d}\boldsymbol{r}$ ），即元功，然后对元功进行求和来获得。这一求功的物理思想，可以用公式表示为

$$W=\int_{起}^{终}\boldsymbol{F}\cdot\mathrm{d}\boldsymbol{r} \tag{3.3.2}$$

即变力的功等于元功的代数和。

在直角坐标系下，变力的功可表示为

$$W=\int_{起}^{终}\boldsymbol{F}\cdot\mathrm{d}\boldsymbol{r}=\int_{x_{起}}^{x_{终}}F_x\mathrm{d}x+\int_{y_{起}}^{y_{终}}F_y\mathrm{d}y+\int_{z_{起}}^{z_{终}}F_z\mathrm{d}z$$

即总功等于各个坐标分量的力做功的代数和。

3. **功率**

功率（P）是功随时间的变化率，描述做功的快慢，可用公式描述为

$$P=\frac{\mathrm{d}W}{\mathrm{d}t}=\boldsymbol{F}\cdot\boldsymbol{v} \tag{3.3.3}$$

功率的单位是瓦特，简称瓦，符号是W，1 W = 1 J/s。

3.3.2 质点的动能定理

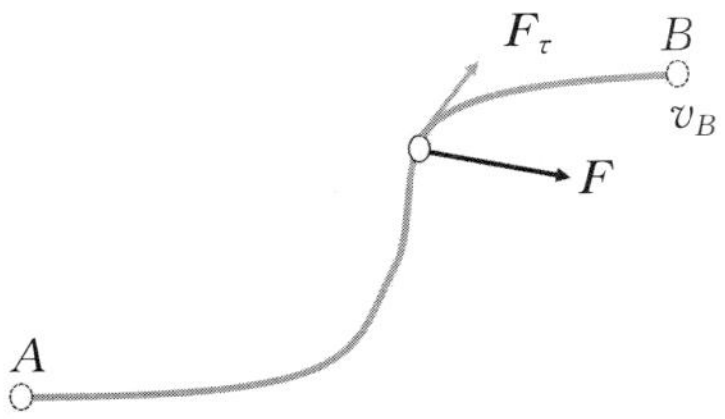

图3.3.1 质点系的动量定理

如图3.3.1所示，一质量为m的质点，在合力$\boldsymbol{F}$作用下沿着曲线从A点运动到B点，质点位于A点时的速率为v_A，位于B点时的速率为v_B，则此过程合力对质点所做的功W为

$$W=\int_A^B\boldsymbol{F}\cdot\mathrm{d}\boldsymbol{r}=\int_A^B F\cos\theta|\mathrm{d}\boldsymbol{r}|=\int_A^B F\cos\theta\mathrm{d}s=\int_A^B F_\tau\mathrm{d}s$$

式中，F_τ表示切向力，s为路程。根据牛顿第二定律

$$F_\tau=ma_\tau=m\frac{\mathrm{d}v}{\mathrm{d}t}$$

则有

$$\begin{aligned}W&=\int_A^B F_\tau\mathrm{d}s=\int_A^B m\frac{\mathrm{d}v}{\mathrm{d}t}\mathrm{d}s\\&=\int_{v_A}^{v_B}m\frac{\mathrm{d}s}{\mathrm{d}t}\mathrm{d}v=\int_{v_A}^{v_B}mv\mathrm{d}v\\&=\frac{1}{2}m{v_B}^2-\frac{1}{2}m{v_A}^2\end{aligned} \tag{3.3.4}$$

式（3.3.4）说明：力对质点所做的功使质点的运动状态发生了改变。功是能量改变的量度，我们称$\frac{1}{2}mv^2$为动能，用E_k表示。它是一个与速率有关的状态量。式（3.3.4）描述了合力功与质点动能的关系，称为质点的动能定理。

$$W=E_{\mathrm{k}B}-E_{\mathrm{k}A}=\Delta E_{\mathrm{k}} \tag{3.3.5}$$

式（3.3.5）表明，合力对质点所做的功等于质点动能的增量。

对于动能定理，需要注意以下几点。

（1）动能定理阐明了功与动能之间的区别与联系。

功是力的空间积累，是过程量，而动能是状态量，两者的物理意义不同。动能定理表明：合力对质点做功导致质点的动能发生变化，且合力的功就等于质点动能的变化量。

（2）动能定理进一步阐明了功的意义。

动能定理将功与能量联系在了一起，进一步阐明了功的本质，即功是能量转化的量度。

（3）动能定理并不是一独立的力学定律。

不能将动能定理视为独立的力学定律，它可由牛顿第二定律获得。

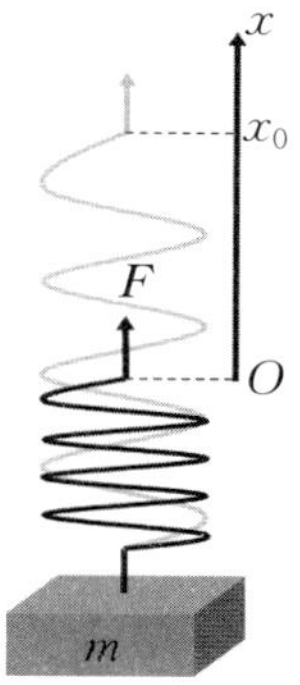

图3.3.2 例3.7用图

例3.7 如图3.3.2所示，有一劲度系数为k的轻弹簧，下端连接一放置于地面的小物体，物体质量为m。现有一外力F作用于弹簧的另一端，将弹簧从原长慢慢竖直提起，直到物体脱离地面为止。求这一过程中外力F所做的功。

解 如图3.3.2所示，以竖直向上为x轴的正方向。

将弹簧上端缓慢提起的过程中，需要的外力F的大小为

$$F=kx$$

物体脱离地面的条件是

$$kx_0=mg$$

所以外力F做的功为

$$W=\int_0^{x_0}kx\cdot\mathrm{d}x=\frac{(mg)^2}{2k}$$

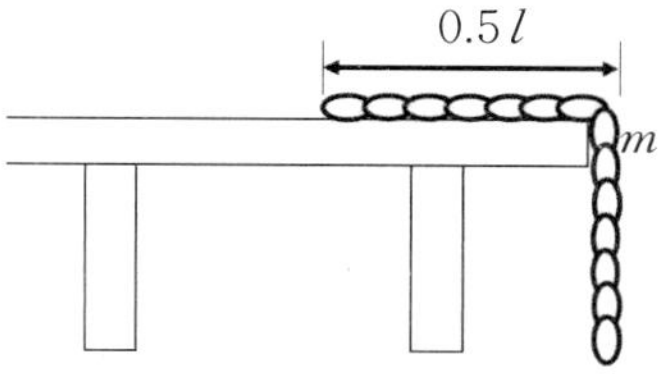

图3.3.3 例3.8用图

例3.8 如图3.3.3所示，有一质地均匀的链条，质量为m，长为l，放置于光滑的桌面上，链条下垂部分的长为$0.5\,l$，现施力将其缓慢拉回桌面，求拉力所做的功。

解 当施力将链条缓慢拉回光滑桌面时，拉力大小应等于链条下垂部分的重力大小，拉力所做的功与重力所做的功相等。

取水平向左为x轴正方向，竖直向下为y轴正方向。当下垂的链条长度为y时，拉力F的大小

$$F=\frac{y}{l}mg$$

拉力F所做的功为

$$W=\int_0^{0.5l}F\mathrm{d}y=\int_0^{0.5l}\frac{mgy}{l}\mathrm{d}y=\frac{1}{8}mgl$$

讨论

例3.7和例3.8均讨论了质点在直线运动状态下变力所做的功。事实上，当质点的运动超越了直线运动，变为平面运动时，根据合力对质点所做的功等于质点动能的增量，可以将质点所受的力视为平面直角坐标下的两个分力，先求出每一个分力所做的功，再求其代数和。

例3.9 质量m=4 kg的物体在力$F=2x+5$（SI）的作用下，沿x轴做直线运动，初速v_0=5 m/s，求物体从x=0到x=10 m的这段时间内所受的冲量。

解 由于无法确定时间范围，要直接采用定义求出冲量是困难的。由于力是空间坐标的函数，应先用动能定理求出速度，然后用动量定理求出冲量。

由动能定理

$$\int_0^{10}(2x+5)\mathrm{d}x=\frac{1}{2}mv^2-\frac{1}{2}mv_0^2$$

可求得速度为

$$v=10(\mathrm{m/s})$$

由动量定理得

$$I=mv-mv_0=20(\mathrm{N\cdot s})$$

讨论

本题应用动能定理，通过计算速度v间接地计算出力的冲量。要注意的是，通过动能定理计算速度时，要结合题意判断速度的方向。

3.4 保守力的功、势能

通过动能定理知，做功意味着能量的变化。接下来，我们将讨论常见力所做功的特点。

3.4.1 保守力及保守力的功

1. 重力的功

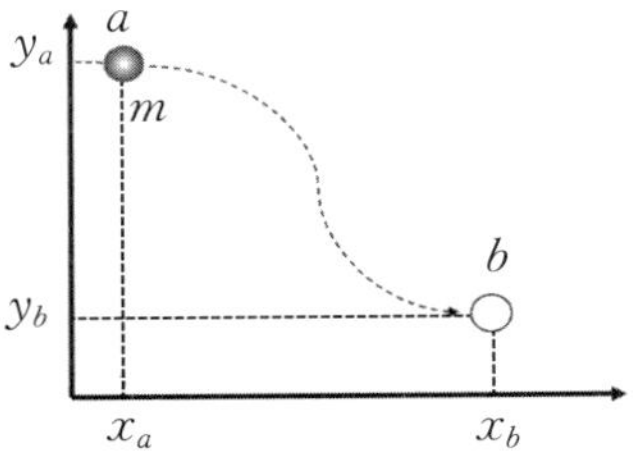

图3.4.1 例3.10用图

例3.10 如图3.4.1所示，设质量为m的质点沿任意路径从a点运动到b点（高度分别为y_a和y_b），试求重力对质点m所做的功。

解 由题意可得，重力所做的功为

$$W_{重}=\int_{y_a}^{y_b}-mg\mathrm{d}y=mgy_a-mgy_b \tag{3.4.1}$$

可见，重力做的功只与质点的始末位置有关，而与质点所经过的实际路径无关。

2. 弹力的功

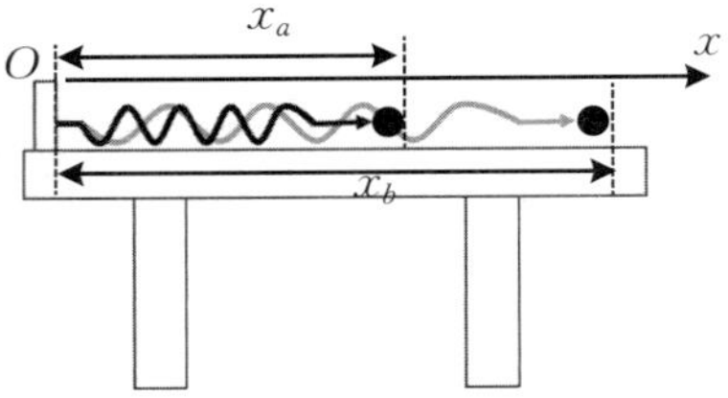

图3.4.2 例3.11用图

例3.11 如图3.4.2所示，将劲度系数为k的轻弹簧的一端固定在光滑的水平桌面上，另一端连接一小球。当小球由a点运动到b点的过程中，求弹力所做的功。

解 弹力所做的功为

$$W_{弹}=\int_{x_a}^{x_b}-kx\mathrm{d}x=\frac{1}{2}kx_a^2-\frac{1}{2}kx_b^2 \tag{3.4.2}$$

可见，弹力做的功和重力做的功一样，只与质点的始末位置有关，而与其经过的实际路径无关。

3. 万有引力的功

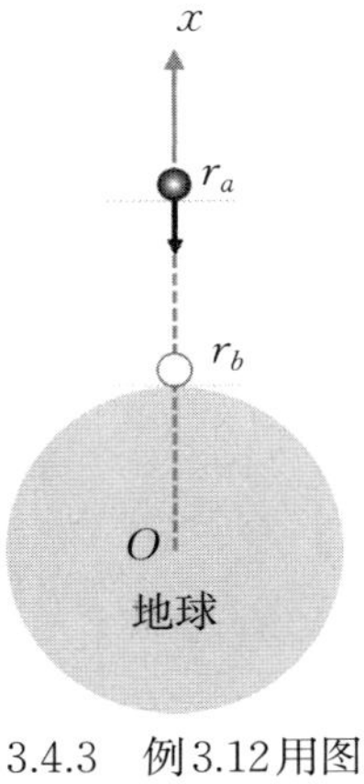

图3.4.3 例3.12用图

例3.12 如图3.4.3所示，远离地面的小球质量为m，由静止开始向地心方向落到地面上，求地球引力对小球所做的功。

解 以地心为坐标原点，取竖直向上为x轴的正方向建立坐标系。根据功的定义，万有引力所做的功为

$$W_{引}=-\int_{r_a}^{r_b}G\frac{Mm}{x^2}\mathrm{d}x=-\frac{GMm}{r_a}-\left(-\frac{GMm}{r_b}\right) \tag{3.4.3}$$

可见，万有引力做的功也只与质点的始末位置有关，而与质点所经过的实际路径无关。

思考题

摩擦力的功是否具备上述特征?

以上几个例子表明：重力、弹力和万有引力做的功与质点的始末位置有关，而与其运动的路径无关；而摩擦力做的功却和质点所经过的路径有关。通常我们从功的角度对力进行分类，把做功与始末位置有关而与所经历的路径无关的力称为保守力，而把其他的力称为非保守力。

3.4.2　势能

根据3.4.1节的内容我们知道，重力、弹力和万有引力都是保守力，它们做的功可分别表示为

重力的功

$$W_{重}=mgy_a-mgy_b$$

弹力的功

$$W_{弹}=\frac{1}{2}kx_a^2-\frac{1}{2}kx_b^2$$

万有引力的功

$$W_{引}=-\frac{GMm}{r_a}-(-\frac{GMm}{r_b})$$

功是能量改变的量度，把保守力做功所改变的能量称为势能（位能），以 E_p 表示。在以上三式中，等式左边 W 表示保守力所做的功，等式右边第一项是与空间位置 a 有关的能量，即为 a 点的势能，记为 E_{pa}，等式右边第二项则是与空间位置 b 有关的能量，即为 b 点的势能，记为 E_{pb}。所以以上三式可进一步表示为

$$W_{保}=-(E_{pb}-E_{pa}) \tag{3.4.4}$$

式（3.4.4）表明：保守力所做的功等于势能增量的负值

通常，我们把势能等于零的点称为势能零点，记为 p_0。当 $E_{pb}=0$ 时，b 点变为势能零点。此时，可以通过式（3.4.4）确定 a 点的势能，即

$$E_{pa}=\int_a^{p_0}\boldsymbol{F}\cdot d\boldsymbol{r} \tag{3.4.5}$$

式（3.4.5）表明：质点在 a 点处的势能等于该质点从 a 点到势能零点时，保守力对其所做的功。

思考题

试用本小节所学的知识求解例3.8。

3.5 功能原理、机械能守恒定律

3.5.1 功能原理

例3.13 如图3.5.1所示，一辆质量为M的平顶小车静止在光滑的水平轨道上，现有一质量为m的小物体以水平速度v_0滑向车顶。物体与车顶之间的动摩擦因素为μ，要使物体不滑下车顶，车长至少为多少?

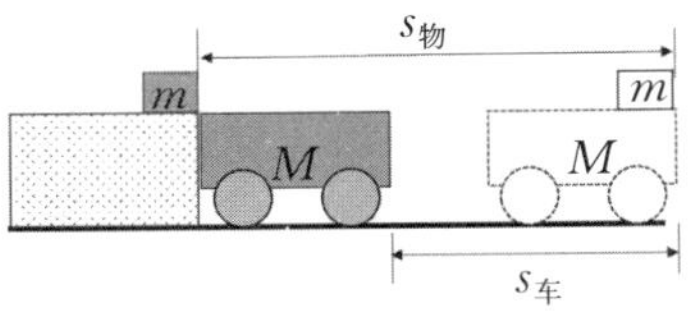

图3.5.1 例3.13用图

解 将小车和物体视为一个系统，当物体滑上车顶之后，摩擦力对小车和物体做功。其中，摩擦力对物体所做的功为

$$W_{物}=-fs_{物}$$

摩擦力对小车所做的功为

$$W_{车}=fs_{车}$$

对小车和物体分别应用动能定理

$$W_{物}=-fs_{物}=\frac{1}{2}mv^2-\frac{1}{2}mv_0{}^2$$

$$W_{车}=fs_{车}=\frac{1}{2}Mv^2-0$$

两式相加，有

$$\begin{aligned}W&=W_{车}+W_{物}\\&=f(s_{车}-s_{物})\\&=\frac{1}{2}(m+M)v^2-\frac{1}{2}mv_0^2\end{aligned}\tag{3.5.1}$$

式中，$s_{物}-s_{车}$为物体相对于小车滑过的距离，即为最短车长L。

对于小车和物体，有动量守恒

$$mv_0=(m+M)v\tag{3.5.2}$$

联立式（3.5.1）和式（3.5.2）可解得

$$L=s_{物}-s_{车}=\frac{Mv_0^2}{2\mu g(M+m)}$$

讨论

通过例3.13的计算过程可以看到，对于两个物体（质点）组成的系统，其动能定理可以表示为

$$\begin{aligned}W&=W_{车}+W_{物}\\&=f(s_{车}-s_{物})\\&=\frac{1}{2}(m+M)v^2-\frac{1}{2}mv_0^2\end{aligned}$$

合力对系统所做的总功等于系统动能的增量。对于一个系统而言，尽管合力等于零，但是合力做的功却不一定为零。

下面，我们将动能定理的结论拓展到更为一般的情况。

1. **质点系的动能定理**

一个由n个质点组成的系统，其中，第i个质点所受合外力为$F_{i外}$，合内力为$F_{i内}$；在某一过程中，合外力做的功为$W_{i外}$，合内力做的功为$W_{i内}$。根据质点的动能定理，对第i个质点

$$W_{i外}+W_{i内}=E_{ki}-E_{ki_0}$$

根据上式，可推得，对于整个系统

$$W_{外}+W_{内}=E_{k}-E_{k0} \tag{3.5.3}$$

式（3.5.3）称为质点系的动能定理。该定理表明：质点系动能的增量等于外力做的功和内力做的功之和。

2. **质点系的功能原理**

作用在质点系的力分为内力和外力。根据质点系的动能定理，外力做功和内力做功都会引起系统动能的改变。对于质点系的内力，我们可以进一步将其分为保守内力和非保守内力。由于保守内力所做的功等于势能增量的负值，因此，功能定理可以进一步表示为

$$W_{外}+W_{非保守内}=(E_{k}+E_{p})-(E_{k0}+E_{p0})$$

令质点系的动能与势能之和为机械能，以E表示，即

$$E=E_{k}+E_{p}$$

则有

$$W_{外}+W_{非保守内}=E-E_{0} \tag{3.5.4}$$

式（3.5.4）称为质点系的功能原理。式（3.5.4）表明：质点系机械能的增量等于外力做的功和非保守内力做的功的代数和。

例3.14（子弹测速装置）　如图3.5.2所示，一劲度系数为k、质量为M的弹簧振子，水平放置并静止在平衡位置。一质量为m的子弹以水平速度v射入振子中，并随之一起运动。设弹簧振子与地面间的摩擦系数为μ，求弹簧的最大压缩量。

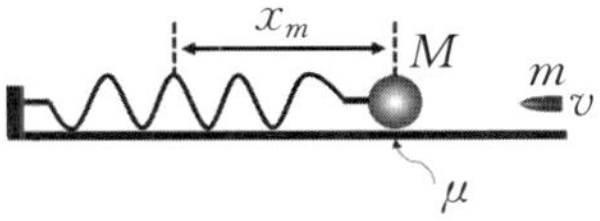

图3.5.2　例3.14用图

解　（1）碰撞过程。

对于弹簧振子和子弹组成的系统，水平方向的外力有摩擦力和弹性力，且这两个力均远远小于碰撞的内力，所以可忽略，故水平方向动量守恒：

$$mv=(M+m)v_1 \tag{3.5.5}$$

（2）压缩过程。

由功能原理得

$$-\mu(M+m)gx=\frac{1}{2}kx^2-\frac{1}{2}(M+m)v_1^2 \tag{3.5.6}$$

联合式(3.5.5)和式（3.5.6）可得

$$x=-\frac{\mu g(M+m)}{k}+\sqrt{\frac{\mu^2(M+m)^2g^2}{k^2}+\frac{(mv)^2}{k(M+m)}}$$

3.5.2 机械能守恒

由式（3.5.4）可知，当 $W_{外}+W_{非保守内}=0$ 时，系统的机械能E保持不变，即

$$E=E_k+E_p=常数$$

这一结论称为机械能守恒。

思考题

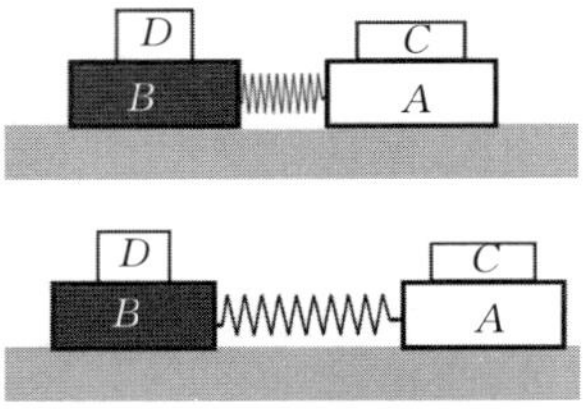

图3.5.3 思考题用图

如图3.5.3所示，物体 A和B置于光滑的桌面上，A和C、B和D之间的摩擦系数均不为零。先用外力沿水平方向推压A和B，使弹簧压缩，后撤去外力。请分析在A和B弹开的过程中，A、B、C、D组成的系统的动量和机械能的情况。

例 3.15 如图3.5.4所示，一质量为m的小球，自质量为M、半径为R的光滑圆弧形轨道顶端的A点静止下滑。求：

（1）小球滑到B点时的速度；

（2）小球在B点所受轨道的支持力；

（3）轨道支持力对小球所做的功；

（4）小球从A点到B点时，轨道的位移。

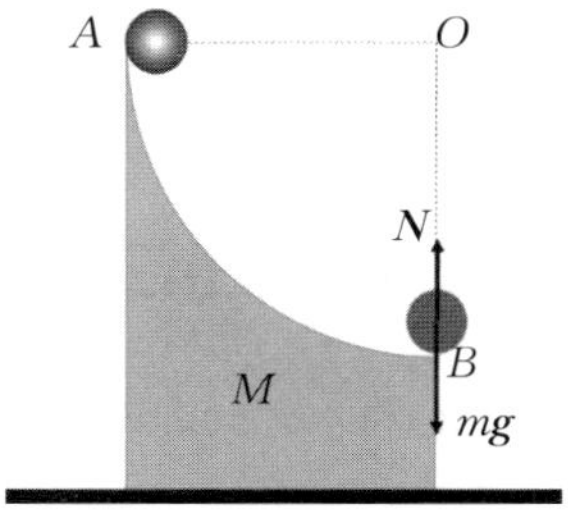

图3.5.4 例3.15用图

解 将小球和圆弧形轨道视为系统，两者对地速率分别为v和V，则由动能定理可知，在小球的下滑过程中，重力对小球做功，系统的动能发生变化，有

$$mgR=\frac{1}{2}mv^2+\frac{1}{2}MV^2-0$$

系统在水平方向动量守恒，在B点有

$$0=mv-MV$$

（1）小球滑到B点时的速度。

联立以上两式求解可得小球在B点处的速率为

$$v=\sqrt{\frac{2MgR}{M+m}}$$

（2）小球在B点所受轨道的支持力。

如图3.5.4所示，对小球进行受力分析。根据牛顿第二定律

$$F_N-mg=\frac{v^2}{R}$$

解之可得

$$F_N=mg+\frac{v^2}{R}=mg+\frac{2Mg}{M+m}$$

（3）轨道支持力对小球所做的功。

小球对轨道所的功为

$$W'=\frac{1}{2}MV^2-0=\frac{MmgR}{M+m}$$

（4）小球从A点到B点时，轨道的位移。

根据质心运动定律可知，小球和圆弧形轨道组成的系统在水平方向的质心加速度为零，质心速度保持不变，即质心坐标保持不变

$$0=\frac{MX_{轨}-mX_{球}}{m+M}$$

$$X_{轨}+X_{球}=R$$

联立两式求解可得小球运动到B点时，轨道的位移为

$$X_{轨}=\frac{mR}{m+M}$$

3.5.3 能量守恒定律

根据动能定理知，力做功意味着能量的转化。本章我们重点讨论了与机械运动直接相关的动能和势能两种能量。事实上，自然界存在各种各样的运动形式，比如热运动、电磁运动及其他形式的运动，这意味着除上述讨论的动能和势能之外，自然界中还存在各种形式的能量。尽管能量的形式多样化，但大量实验表明，在一个孤立的系统内部，总能量是一定的，系统中的能量不会凭空消失或产生，只能从一种形式转化为另一种形式，或从一个物体转移到别的物体，在转化或传递过程中能量的总和不变，这一结论称为能量守恒定律。可见，机械能守恒是能量守恒的一个特例。

重要概念回顾

1. **冲量 I**

$$I=\int_{t_1}^{t_2}F\mathrm{d}t$$

冲量是力的作用对时间的积累效应，是过程量。在国际单位制（SI）中，冲量的单位为牛顿·秒（N·s）。

2. **质点的动量定理**

$$I_{合}=mv-mv_0$$

质点在一段时间内所受合外力的冲量，等于质点在这段时间内动量的变化量。

3. **质点系**

质点系简称系统，是指两个或两个以上研究对象（质点）的集合。

4. **质点系的动量定理**

$$\boldsymbol{I}_{外}=\int_{t_1}^{t_2}\boldsymbol{F}_{外}\mathrm{d}t=\boldsymbol{p}-\boldsymbol{p}_0$$

系统所受的合外力的冲量等于系统总动量的增量。系统总动量的变化是由合外力引起的，与系统的内力无关。

5. **动量守恒定律**

当$\boldsymbol{F}_{外}=0$时

$$p=常矢量$$

当系统所受的合外力等于零时，系统的总动量保持不变。

6. **变力的功**

变力的功等于元功的代数和，即

$$W=\int_{起}^{终}\boldsymbol{F}\cdot\mathrm{d}\boldsymbol{r}$$

7. **质点的动能定理**

$$W=\int_A^B\boldsymbol{F}\cdot\mathrm{d}\boldsymbol{r}=\frac{1}{2}mv_B^2-\frac{1}{2}mv_A^2$$

合力对质点所做的功等于质点动能的增量。

8. **保守力**

通常我们从功的角度对力进行分类，把做功与始末位置有关而与所经历的路径无关的力称为保守力。

9. **势能**

$$E_{pa}=\int_a^{p_0}\boldsymbol{F}\cdot\mathrm{d}\boldsymbol{r}$$

质点在点a处的势能，等于该质点从该a点运动到势能零点时，保守力对其所做的功。

10. **质点系的动能定理**

$$W_{外}+W_{内}=E_{\mathrm{k}}-E_{\mathrm{k}0}$$

外力做的功和内力做的功之和等于质点系动能的增量。

11. **质点系的功能原理**

$$W_{外}+W_{非保守内}=E-E_0$$

质点系机械能的增量等于外力做的功和非保守内力做的功的代数和。

12. **机械能守恒**

当$W_{外}+W_{非保守内}=0$时，系统的机械能E保持不变。

思考题

1. 功和动能的联系和区别是什么？

2. 摩擦力的功具有什么样的特征，它是否为保守力？

3. 通常，我们把逃脱地球引力所需要的最小速率称为逃脱速率，假设地球半径为$R=6.4\times10^6$ m，求物体的逃逸速度。

4. 请列举你所知道的能量，并说明它们之间可如何转化。

习　题

1. 一长为l、质量为M的小车放置在平直轨道上，车的A端站有一质量为m的人，人和小车原来都静止不动。如果这人从车的A端走到B端，不计小车与轨道之间的摩擦，求小车和人各自的位移。

2. 有质量相等的两球，球2静止在水平桌面上，球1在桌面上向右以速度$v_1=30$ m/s冲击球2，两球相碰后，球1沿与原来前进的方向成$\alpha=30°$角的方向前进，球2获得的速度与球1原来运动方向成$\beta=45°$角。若不计摩擦，求碰撞后两球的速率v'_1和v'_2各为多少。

3. 假设一颗子弹从水平枪支的枪口射出时的速率是300 m/s。$t=0$时开始射击，子弹在枪筒里前进时所受合力F随时间t的变化关系为$F=400-\frac{4}{3}\times10^4\,t$ N。若子弹运动到枪口处所受的合力恰好是0，求子弹在枪筒里前进的过程所受合力的冲量和子弹的质量。

4. 一辆炮车静止在地面上，某时刻以仰角β发射一颗炮弹，炮车和炮弹的质量分别为M和m，炮车的弹筒长为L，炮弹相对于地面以v的速度从炮车的弹筒口射出，试求：

（1）炮车的反冲速度；

（2）炮弹射出弹筒口时，炮车相对于地面的位移。

5. 炮弹在抛物线轨道的顶点分裂成质量相等的两块弹片A、B，其中，弹片A自由落下，落地处离炮弹发射处的水平距离为L，抛物线轨道最高点离地面的高度为h，试求弹片B离发射点的距离。

6.一弹簧的弹力F与形变x满足$F=1.2x+3x^3$ N，用一拉力将弹簧从$x_1=0.1$ m沿着水平桌面伸长到$x_2=0.3$时，求此过程弹簧的弹力所做的功；若在弹簧末端挂一质量 $m=0.1\,\mathrm{kg}$ 的小球，并从 x_2 处释放拉力，则小球在 x_1 处的速度为多少？

7. 一轨道由斜面和圆环两部分组成，其中圆环部分的半径为 R，圆环正上方的顶端有一夹角为 2β 的缺口。当小车沿着斜面轨道无初速度地下滑时，刚好能够越过缺口滑过整个圆环。试求小车下滑时的初始高度。

第4章 刚体力学

章首问题

花样滑冰的跳跃动作要求运动员以不同的姿势起跳，然后在空中做转体动作。不难发现，运动员在空中旋转时，总是将两臂紧紧收拢。你知道这是为什么吗？

现实中的物体具有形状和大小，在力的作用下，物体的形状和大小会发生变化，这使得对物体的运动规律的研究变得复杂。为了使复杂的问题得到简化，通常假设研究对象由不会发生形变的质点系组成。这种具有固定的形状和大小，且在力作用下不会发生形变的质点系称为**刚体**。值得注意的是，刚体是为了简化研究问题、抓住主要矛盾而引入的理想模型。由于它是一个拥有固定形状且不会发生形变的质点系，因此，在第3章中所讲的关于质点系的重要结论，即质点系的动量定理、动能定理、功能原理等在刚体力学中也是成立的。

刚体的运动形式可分为平动和转动两种。平动时，刚体上所有的质点都具有相同的运动形式，刚体上任意一点可以代表刚体整体的运动。此时，刚体的运动规律与质点的运动规律是一致的。刚体的另外一种运动形式是转动。与平动不同的是，当刚体发生转动时，刚体上每一个质点的运动形式不再完全一致。在这种情况下，刚体的运动又遵循什么样的规律呢？本章我们选取最为简单的定轴转动进行讨论。

4.1　刚体定轴转动的描述

顾名思义，定轴转动是指刚体绕固定转轴进行旋转的情形。当刚体在做定轴转动时，不难观察，刚体中任意一点都绕着转轴做圆周运动，转轴垂直于圆周运动的轨迹所形成的平面。在定轴转动的刚体中，不同质点的位置矢量、速度和加速度等物理量是不一致的。然而，在相同时间内，刚体上的所有质点绕着转轴所转过的角度是完全相同的。因此，通常采用角度来描述刚体定轴运动的状态。

4.1.1　描述刚体定轴转动的物理量

1. 角位置

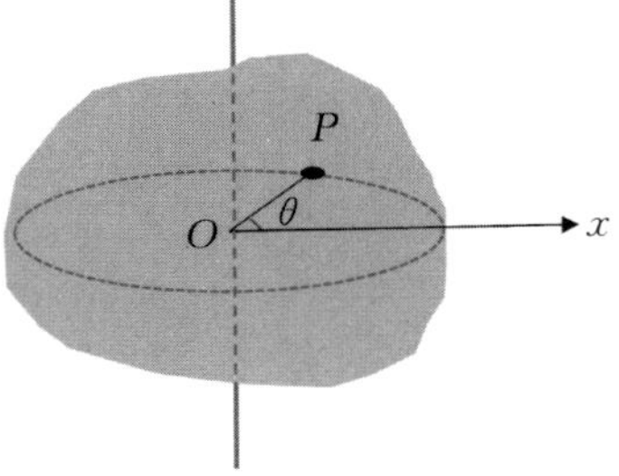

图4.1.1　刚体的角位置

当刚体做定轴转动时，如图4.1.1所示，刚体上任意一质点P以转轴为中心做圆周运动，圆周运动所形成的平面与转轴垂直，并与其相交于点O。连接OP，并在转动平面内建立坐标Ox，OP相对于Ox的夹角θ称为角位置。当$t=0\,\text{s}$时，

$\theta=\theta_0$，为初始角位置。显然，当刚体做定轴转动时，$\theta=\theta(t)$ 是一个关于时间的函数，此时，$\theta=\theta(t)$ 描述任意时刻的转动状态，称为刚体的运动方程。

值得注意的是，角位置 θ 所描述的是定轴刚体的位置，而不是描述刚体所转过的角度。角位置 θ 的单位采用弧度制，即 π rad = 180°。

2. **角位移**

刚体在特定时间 Δt 内所转过的角度称为角位移 $\Delta\theta$。角位移可用末态角位置与初态角位置之差表示，即

$$\Delta\theta=\theta_{末}-\theta_{初} \tag{4.1.1}$$

式中，$\theta_{末}$ 表示末态角位置，$\theta_{初}$ 表示初态角位置。

3. **角速度**

当时间间隔 $\Delta t\to 0$ 时，角位移 $\Delta\theta\to 0$，此时，时间间隔可表示为 $\mathrm{d}t$，而角位移则表示为 $\mathrm{d}\theta$。因此，定轴刚体的角速度 ω 可表示为

$$\omega=\frac{\mathrm{d}\theta}{\mathrm{d}t} \tag{4.1.2}$$

即角速度 ω 等于运动方程 $\theta(t)$ 对时间 t 的一阶导数，其方向与角位移的变化方向一致。角速度的方向可用右手螺旋法则来确定，即右手四指朝着刚体转动的方向握紧，此时拇指所指的方向即为角速度方向。

角速度 ω 也称为瞬时角速度，是一状态量，它是平均角速度（平均角速度=角位移÷时间间隔）取时间间隔 $\Delta t\to 0$ 的结果。角速度是描述刚体定轴转动快慢的物理量，单位为 rad/s。

4. **角加速度**

角加速度 β 描述刚体定轴转动的角速度 ω 的变化快慢，其计算公式为

$$\beta=\frac{\mathrm{d}\omega}{\mathrm{d}t} \tag{4.1.3}$$

角加速度 β 等于角速度 $\omega(t)$ 对时间 t 的一阶导数，其方向与角速度的变化方向一致。

角加速度 β 也称为瞬时角加速度，是一状态量，它是平均角加速度（平均角加速度=角速度变化量÷时间间隔）取时间间隔 $\Delta t\to 0$ 的结果。角加速度 β 的单位为 rad/s^2。

4.1.2　运动学第一类问题

已知运动方程，求刚体定轴转动角速度 ω 和角加速度 β 等物理量的相关问题称为运动学第一类问题。

例 4.1　刚体定轴转动的运动方程为 $\theta(t)=\pi+50\pi t+\frac{1}{2}\pi t^2$ (rad)，试求任意时刻该刚体定轴转动的角速度 ω 和角加速度 β 。

解　根据角速度和角加速度的计算公式可得

（1）角速度 ω：

$$\begin{aligned}\omega&=\frac{d\theta}{dt}\\&=\frac{d}{dt}\left(\pi+50\pi t+\frac{1}{2}\pi t^2\right)\\&=50\pi+\pi t\ (\text{rad/s})\end{aligned}$$

（2）角加速度 β：

$$\begin{aligned}\beta&=\frac{d\omega}{dt}\\&=\frac{d}{dt}(50\pi+\pi t)\\&=\pi\ (\text{rad/s}^2)\end{aligned}$$

讨论

根据计算结果可以判断刚体定轴转动的情况。角速度 $\omega=50\pi+\pi t\ (\text{rad/s})$，表明刚体在做变角速定轴转动，而角加速度 $\beta=\pi(\text{rad/s}^2)$，则表明刚体在做匀角加速度定轴转动。变角速定轴转动和匀角加速度定轴转动时采用不同的物理量对刚体定轴转动进行描述的结果，并不矛盾。

4.1.3　运动学第二类问题

已知刚体定轴转动的角加速度 β，求角速度ω,或已知刚体定轴转动的角速度ω，求角速度 θ 的相关问题，称为运动学第二类问题。

例 4.2　一刚体以恒定角加速度 β 做定轴转动。当 $t=0$ 时，角速度 $\omega=\omega_0$，运动方程 $\theta(t)=\theta_0$，试求其任意时刻的角速度 $\omega(t)$ 和运动方程 $\theta(t)$。

解　（1）角速度 $\omega(t)$。

根据角加速度公式

$$\beta=\frac{d\omega}{dt}$$

等式两端同时乘以 dt，得

$$d\omega=\beta dt$$

考虑一段时间 $t=0$ 到任意时刻 $t=t$，对上式进行积分

$$\int_0^t d\omega=\int_0^t\beta dt$$

由于角加速度 β 为一常数，所以求积分得

$$\omega(t)-\omega_0=\beta t$$

即

$$\omega(t)=\omega_0+\beta t \tag{4.1.4}$$

式（4.1.4）为匀角加速定轴转动的角速度公式。

（2）运动方程 $\theta(t)$。

根据角加速度公式

$$\omega=\frac{\mathrm{d}\theta}{\mathrm{d}t}$$

等式两端同时乘以 $\mathrm{d}t$，得

$$\mathrm{d}\theta=\omega\mathrm{d}t$$

考虑一段时间 $t=0$ 到任意时刻 $t=t$，对上式进行积分

$$\int_0^t\mathrm{d}\theta=\int_0^t\omega\mathrm{d}t$$

由于角加速度 β 为一常数，且 $\omega(t)=\omega_0+\beta t$，所以

$$\int_0^t\mathrm{d}\theta=\int_0^t(\omega_0+\beta t)\mathrm{d}t$$

求积分得

$$\theta(t)-\theta_0=\omega_0 t+\frac{1}{2}\beta t^2$$

即

$$\theta(t)=\theta_0+\omega_0 t+\frac{1}{2}\beta t^2 \tag{4.1.5}$$

式（4.1.5）为匀角加速定轴转动的运动方程。

思考题

如果刚体定轴转动的加速度分别为 π 和 πt，当 $t=0$ 时，角速度 $\omega=\omega_0$，运动方程 $\theta(t)=\theta_0$，分别求这两种情况下刚体任意时刻的角速度 $\omega(t)$ 和运动方程 $\theta(t)$。

总结

例4.2采用分离变量法进行求解，通过计算获得以下结论。

（1）当角加速度 β 为常数时（即刚体做匀角加速定轴转动）匀角加速定轴转动的角速度公式为

$$\omega(t)=\omega_0+\beta t$$

匀角加速定轴转动的运动方程为

$$\theta(t)=\theta_0+\omega_0 t+\frac{1}{2}\beta t^2$$

（2）当角加速度 β 为时间的函数时（即刚体做变角加速定轴转动），角速度和角加速度的求解需要采用分离变量法。

4.1.4 角量与线量的关系

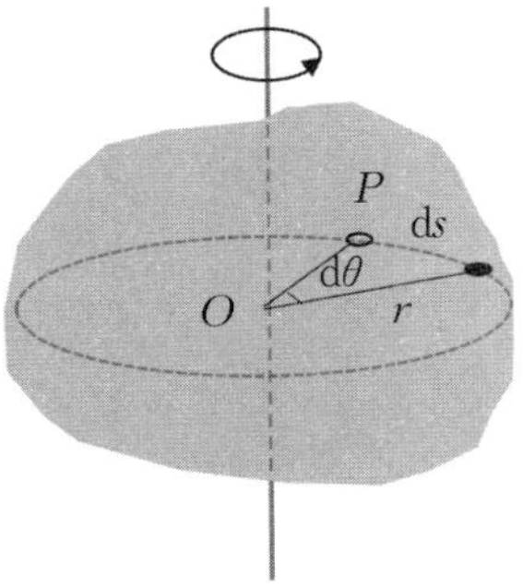

图4.1.2　例4.3用图

例4.3　如图4.1.2所示，已知刚体定轴转动，在某时刻 t 的瞬时角速度为 ω 、瞬时角加速度为 β ，刚体上一质点 P 到转轴的距离为 r，求质点 P 的速率 v 、加速度大小 a 。

解　（1）质点 P 的速率 v 。

如图 4.1.2 所示，假设刚体在 $\mathrm{d}t$ 时间内发生的角位移为 $\mathrm{d}\theta$ ，则其角速度可以表示为

$$\omega=\frac{\mathrm{d}\theta}{\mathrm{d}t}$$

上式两端同乘以 r，得

$$r\omega=\frac{r\mathrm{d}\theta}{\mathrm{d}t}$$

由图4.1.2可知，当刚体的角位移大小为 $\mathrm{d}\theta$ 时，刚体上的 P 点所走过的路程为 $\mathrm{d}s$ ，且满足

$$\mathrm{d}s=r\mathrm{d}\theta$$

因此

$$\frac{\mathrm{d}s}{\mathrm{d}t}=r\omega$$

即

$$v=r\omega \tag{4.1.6}$$

（2）质点 P 的加速度大小 a。

由于质点 P 在做圆周运动，在自然坐标系中，其加速度大小 a 由切向加速度大小 a_τ 和法向加速度大小 a_n 两部分矢量叠加而成。

切向加速度大小

$$a_\tau=\frac{\mathrm{d}v}{\mathrm{d}t}=\frac{\mathrm{d}(r\omega)}{\mathrm{d}t}=r\frac{\mathrm{d}\omega}{\mathrm{d}t}+\omega\frac{\mathrm{d}r}{\mathrm{d}t}$$

对于定轴刚体上的质点 P 而言，其到转轴的距离 r 恒定不变，因此

$$a_\tau=r\frac{\mathrm{d}\omega}{\mathrm{d}t}=r\beta \tag{4.1.7}$$

法向加速度大小

$$a_n=\frac{v^2}{R}=\frac{(r\omega)^2}{r}=r\omega^2 \tag{4.1.8}$$

加速度大小

$$a=\sqrt{a_\tau{}^2+a_n{}^2}=r\sqrt{\beta^2+\omega^4} \tag{4.1.9}$$

总结

（1）描述刚体定轴转动的角位移 $\Delta\boldsymbol{\theta}$ 、角速度 $\boldsymbol{\omega}$ 和角加速度 $\boldsymbol{\beta}$ 等物理量通常称为角量，而描述质点平动的位移 $\Delta\boldsymbol{r}$ 、速度 $\boldsymbol{v}$ 和加速度 $\boldsymbol{a}$ 等物理量通常称为线量。

（2）通过例4.3的计算，可获得以下刚体定轴转动时的线量和角量之间的关系。

速率与角速度大小的关系：

$$v=r\omega$$

切向加速度大小与角加速度大小的关系：

$$a_\tau=r\beta$$

法向加速度大小与角速度大小的关系：

$$a_n=r\omega^2$$

例4.4　如图4.1.3所示，一条缆索绕过一定滑轮拉动一升降机，滑轮半径 $r=0.5$ m，如果升降机从静止开始以加速度 $a=0.2$ m/s^2 匀加速上升，且缆索与滑轮之间不打滑，求：

（1）滑轮的角加速度；

（2）开始上升后，5 s末滑轮的角速度；

（3）在这5 s内滑轮转过的圈数。

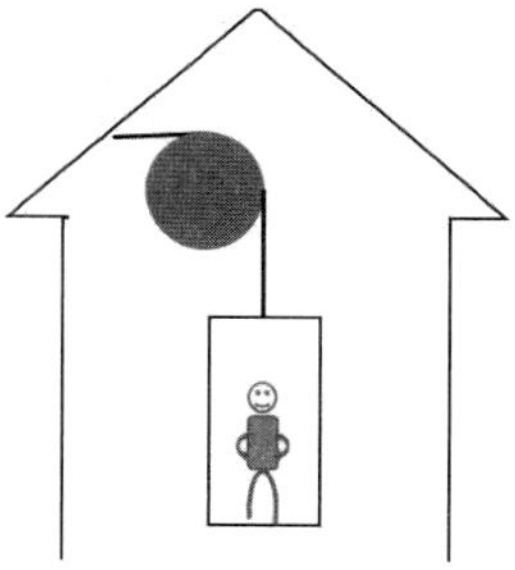

图4.1.3　例4.4用图

解　（1）根据题意，升降机的加速度 a 等于轮滑边缘的切向加速度 a_τ，所以

$$a=a_\tau=r\beta$$

即

$$\beta=\frac{a}{r}=\frac{0.2}{0.5}=0.4\,(\mathrm{rad/s^2})$$

（2）根据刚体匀角加速定轴转动的角速度公式

$$\omega=\omega_0+\beta t$$

因此

$$\omega=\omega_0+\beta t=0.4\times5=2\,(\mathrm{rad/s})$$

（3）根据刚体匀角加速定轴转动的运动方程

$$\theta=\theta_0+\omega_0 t+\frac{1}{2}\beta t^2$$

因此角位移 $\Delta\theta$ 为

$$\Delta\theta=\theta-\theta_0=\omega_0 t+\frac{1}{2}\beta t^2=\frac{1}{2}\times0.4\times5^2=5\,(\mathrm{rad})$$

滑轮转过的圈数为

$$n=\frac{\Delta\theta}{2\pi}=\frac{5}{2\pi}$$

提示

在例 4.4 中需要注意轮滑的加速度与绳子加速度之间的关系：绳子加速度 a 等于轮滑边缘的切向加速度 a_τ。

4.2 转动动能定理

4.2.1 力矩

根据牛顿第二定律我们知道，当作用在物体上的合力不为零时，物体会产生加速度 $\boldsymbol{a}$，即物体整体的运动状态会发生变化。因此，我们常说力是让物体运动状态发生变化（平动）的原因。然而，对于定轴转动的刚体而言，情况是否完全一样呢？

假设刚体上一质点 P 的质量为 m，根据角量与线量的关系，结合牛顿第二定律，不难获得其所受的切向力 F_τ 与角加速度 $\boldsymbol{\beta}$ 之间的大小关系：

$$F_\tau = ma_\tau = mr\beta \tag{4.2.1}$$

由式（4.2.1）可以看到，力的大小和方向是使转动状态发生变化的非常重要的因素，但不是决定因素，因为当 $r=0$ 时，F_τ 总是等于零，从而无法产生一个不为零的 β。由此可见，让刚体发生定轴转动状态变化的原因与力的大小、方向和作用点相对于转轴的距离等三个因素密切相关。为了更好地描述影响刚体定轴运动状态变化的因素，在此，我们引入力矩 $\boldsymbol{M}$ 的概念，将力的大小、方向和作用点相对于转轴距离这三个因素都包含在内。

1. **力矩**

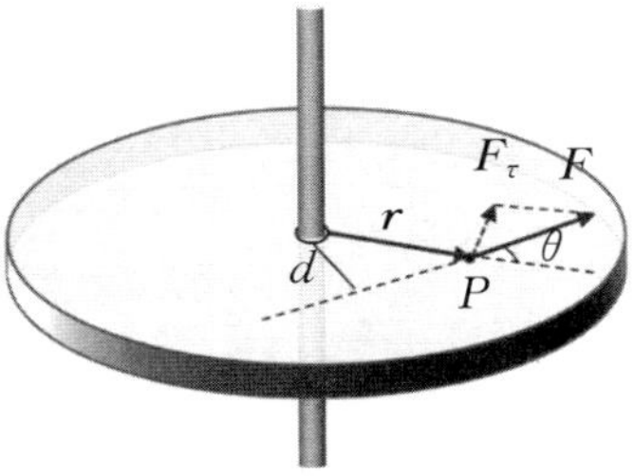

图4.2.1　力矩的定义

如图 4.2.1 所示，力 F 作用在刚体上一点 P，以转轴为中心，P 点的位置矢量为 $\boldsymbol{r}$，则力 F 对定点 P 的力矩 $\boldsymbol{M}$ 为

$$\boldsymbol{M} = \boldsymbol{r} \times \boldsymbol{F} \tag{4.2.2}$$

力矩是一矢量，其大小为

$$M = rF\sin\theta \tag{4.2.3}$$

式中，θ 为 $\boldsymbol{r}$ 和 F 的夹角，力矩的单位名称为牛·米（N·m）。我们知道，转轴到力作用线的垂线称为力臂（如图 4.2.1 中的 d），而力可在自然坐标系中，分解为切向力 F_τ 和法向力 F_n。由图 4.2.1 可见，力矩的大小也可以表示为力和力臂的乘积，或者切向力和位置矢量大小的乘积，用公式表示为

$$M = rF\sin\theta = Fd = F_\tau r \tag{4.2.4}$$

可以看到，对于作用于定轴转动刚体上的力而言，当力 $\boldsymbol{F}$ 作用在转轴上且力的延长线经过转轴时，力矩为零。

力矩的方向可由右手螺旋法则确定：右手四指水平沿（$\boldsymbol{r}\times\boldsymbol{F}$）方向，它垂直于 $\boldsymbol{r}$ 、$\boldsymbol{F}$ 构成的平面，即 $\boldsymbol{M}$ 的方向与轴平行。

值得注意的是，上述定义中的力 F 总是作用在定轴转动刚体上任意一点 P，且 F 的方向总是在 P 点的转动平面内，因此，F 是一个与转轴垂直的力，当力不满足这一条件时，应当将其分解为垂直于转轴的力和平行于转轴的力，并且忽略平行于转轴的力。

2. **合力矩**

当定轴转动刚体受多个力作用时，刚体的合力矩等于每一个力矩的矢量叠加，即

$$\boldsymbol{M}=\boldsymbol{M}_1+\boldsymbol{M}_2+\cdots+\boldsymbol{M}_n \tag{4.2.5}$$

例4.5 如图4.2.2所示，可绕中心轴转动的圆盘形成定轴转动刚体，有两个大小相等方向不同的力作用在刚体上，形成如图4.2.2（a）、（b）、（c）所示的三种不同情况。试求三种情况对应的合力矩。

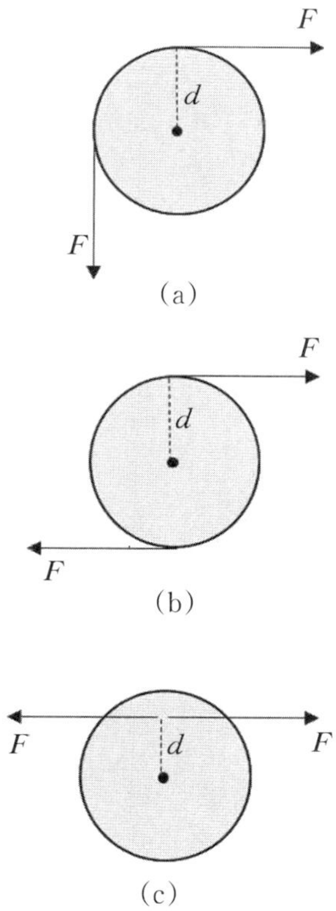

图4.2.2 例4.5用图

解 （1）在图（a）中，由力的叠加原理，可求得合力大小为

$$F_{合}=\sqrt{2}F$$

由力矩的叠加原理，可求得合力矩大小为

$$M_{合}=Fd-Fd=0$$

（2）在图（b）中，由力的叠加原理，可求得合力大小为

$$F_{合}=0$$

由力矩的叠加原理，可求得合力矩大小为

$$M_{合}=Fd+Fd=2Fd$$

（3）在图（c）中，由力的叠加原理，可求得合力大小为

$$F_{合}=0$$

由力矩的叠加原理，可求得合力矩大小为

$$M_{合}=Fd-Fd=0$$

总结

可见，合力为零并不意味着合力矩一定为零，反之亦然。因此，当我们求合力矩时，是对刚体上的单个力矩进行求和，而不是对作用在刚体上的合力求力矩。事实上，力是让质点运动状态发生变化的原因，而从后面的学习中，我们将看到，力矩是让物体转动状态发生变化的原因。

值得注意的是，从第（3）小问中，我们也可以看到：作用于同一个定轴转动刚体上的作用力与反作用力的合力矩一定为零。从质点系的角度来看，定轴刚体是可绕一固定轴做圆周运动的质点系，系统内部质点之间的相互作用力称为内力。显然，对于同一转轴的质点系而言，内力的合力矩一定为零。

4.2.2 转动动能定理

力对质点系所做的功和质点系动能之间的关系满足质点系的动能定理，即

$$W_{外}+W_{内}=E_k-E_{k0}$$

定轴转动刚体是一个特殊的质点系，因此该式对其依然适用。与普通质点系相比，定轴转动刚体存在这一特殊性——在定轴刚体中，质点间不会发生相对位移。因此，其内力的功 $W_{内}$ 一定等于零，所以，定轴转动刚体的动能定理进一步化简为

$$W_{外}=E_k-E_{k0}$$

接下来，我们分别对外力对定轴转动刚体所做的功和动能进行讨论。

1. 力矩的功

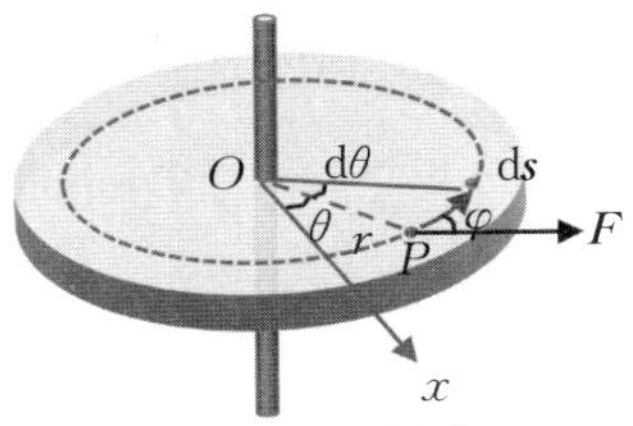

图4.2.3 力矩的功

如图4.2.3所示，外力 F 作用在定轴刚体上一点 P，使其发生的位移为 $\mathrm{d}\boldsymbol{s}$，外力对刚体所做的元功为

$$\mathrm{d}W=\boldsymbol{F}\cdot\mathrm{d}\boldsymbol{s}=F\cos\varphi\mathrm{d}s \tag{4.2.5}$$

在力的作用下，点 P 做圆周运动，因此上式可进一步写为

$$\mathrm{d}W=\boldsymbol{F}\cdot\mathrm{d}\boldsymbol{s}=F\cos\varphi\mathrm{d}s=Fr\cos\varphi\mathrm{d}\theta$$

式中，$Fr\cos\varphi=Fr\sin\theta$，刚好就是力矩，因此，力的元功可以用力矩表示为

$$\mathrm{d}W=M\mathrm{d}\theta \tag{4.2.6}$$

即元功等于力矩和角位移元的乘积。

根据总功等于各元功之和，因此，当定轴转动刚体在力的作用下，其角位置从 θ_1 变为 θ_2 时，力对刚体所做的总功可以表示为

$$W=\int_{\theta_1}^{\theta_2}\mathrm{d}W=\int_{\theta_1}^{\theta_2}M\mathrm{d}\theta \tag{4.2.7}$$

上式将力对刚体定轴转动所做的功表示为力矩的形式，称为力矩的功，力矩的功等于力矩的元功在这段角位移上的积分。力矩的功实质仍然是力做功，是力对定轴刚体所做功的一种特殊形式。

2. 刚体定轴转动的转动动能

定轴转动的刚体所拥有的动能称为转动动能。定轴转动刚体的转动动能等于组成刚体的每一个质点所具有的动能之和。

对于质量是离散分布的刚体而言，通过简单的计算即可获得其转动动能；然而，对于质量连续分布的刚体而言，计算其动能就变得较为烦琐。那么，定轴刚体的转动动能有没有类似于计算平动质点的动能的简洁表达式呢？

例4.6 如图4.2.4所示，假设定轴转动刚体由质量为 m_1、m_2 和 m_3 的三个质点组成，其以角速度 ω 转动，试求其转动动能。

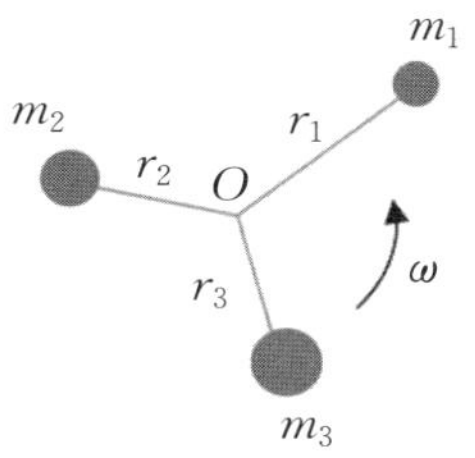

图4.2.4 例4.6用图

解 定轴转动刚体的总动能 E_k 为

$$E_k=\frac{1}{2}m_1v_1^2+\frac{1}{2}m_2v_2^2+\frac{1}{2}m_3v_3^2$$

由线量与角量之间的关系 $v=r\omega$，可得

$$\begin{aligned}E_k&=\frac{1}{2}m_1r_1^2\omega^2+\frac{1}{2}m_2r_2^2\omega^2+\frac{1}{2}m_3r_3^2\omega^2\\&=\frac{1}{2}(m_1r_1^2+m_2r_2^2+m_3r_3^2)\omega^2\end{aligned}$$

令 $J=m_1r_1^2+m_2r_2^2+m_3r_3^2$，则上式可进一步化简为

$$E_k=\frac{1}{2}J\omega^2 \tag{4.2.8}$$

讨论

通过观察上述计算过程，不难发现，对于任意一个由 n 个质点组成的定轴转动刚体而言，J 可以进一步表示为

$$J=m_1r_1^2+m_2r_2^2+m_3r_3^2+\cdots+m_nr_n^2=\sum_{i=1}^{n}m_ir_i^2$$

可见，J 是刚体所具有的一种属性，定轴转动刚体一旦确定，则 J 就是一个固定的量，而与刚体本身的运动状态没有关系。因此，J 通常称为转动惯量。

显然，对于任意一个定轴转动的刚体而言，其转动动能均可表示为

$$E_k=\frac{1}{2}J\omega^2$$

上式表明：定轴转动刚体的转动动能与平动动能具有完全类似的形式。根据上式，我们只需要确定转动惯量 J 和角速度 ω，就能够快速简便地计算出定轴刚体所具有的动能。

为了便于后续的计算，在表4.2.1中先给出常见的定轴转动刚体的转动惯量，其具体的计算方法，我们将在4.3.1节进行讨论。

表4.2.1 常见刚体的转动惯量

图示	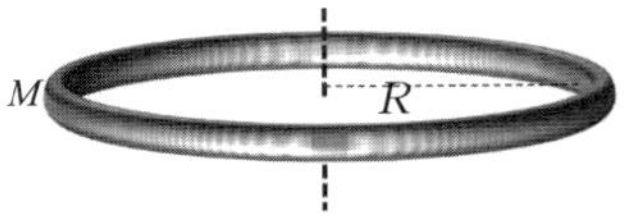 转轴垂直于环面的圆环	 转轴垂直于盘面的圆盘
公式	$J=MR^2$	$J=\frac{1}{2}MR^2$
图示	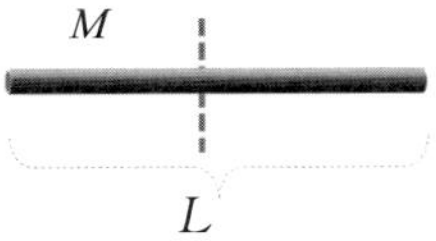 转轴过中垂线的细棒	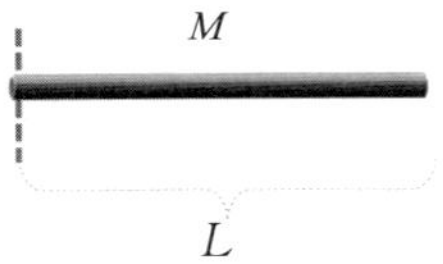 转轴过一端并平行于中垂线的细棒
公式	$J=\frac{1}{12}ML^2$	$J=\frac{1}{3}ML^2$

3. 刚体的转动动能定理

根据上述讨论的结果，定轴转动刚体的转动动能定理可表示为

$$W=\int_{\theta_1}^{\theta_2}M_{外}\mathrm{d}\theta=\frac{1}{2}J\omega^2-\frac{1}{2}J\omega_0^2 \tag{4.2.9}$$

合外力矩的功等于刚体转动动能的增量，这一结论称为定轴转动刚体的转动动能定理。

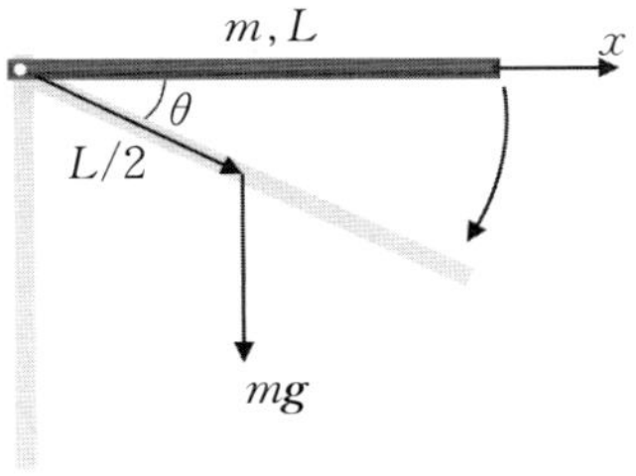

图4.2.5 例4.7用图

例4.7 如图4.2.5所示，质量为m、长度为L的均匀细棒，可以绕固定轴O转动，其转动惯量为$\frac{1}{3}mL^2$，细棒由静止从水平位置转到竖直位置，求细棒在竖直位置时的角速度。

解 建立如图4.2.5所示的坐标，细棒从水平位置摆到竖直位置的任意一位置，重力矩为

$$M=Fr\sin\varphi=\frac{1}{2}mgL\sin(\pi-\theta)=\frac{1}{2}mgL\cos\theta$$

重力矩的功为

$$W=\int_{\theta_1}^{\theta_2}M\mathrm{d}\theta=\int_0^{\frac{\pi}{2}}\frac{1}{2}mgL\cos\theta\mathrm{d}\theta=\frac{1}{2}mgL$$

根据转动动能定理

$$W=\frac{1}{2}J\omega^2-\frac{1}{2}J\omega_0^2$$

细棒从静止开始转动，$\omega_0=0$，可得

$$\omega=\sqrt{\frac{2W}{J}}$$

因细棒绕一端转动的转动惯量为

$$J=\frac{1}{3}ml^2$$

因此

$$\omega=\sqrt{\frac{2W}{J}}=\sqrt{\frac{2\times\frac{1}{2}mgL}{\frac{1}{3}mL^2}}=\sqrt{\frac{3g}{L}}$$

例4.8　如图4.2.6所示，质量为 m 的重物用绳子挂在圆盘上，从静止降落，降落过程带动圆盘一起转动，圆盘的质量为 M、半径为 R。求重物下落高度为 h 时所获得的速度。

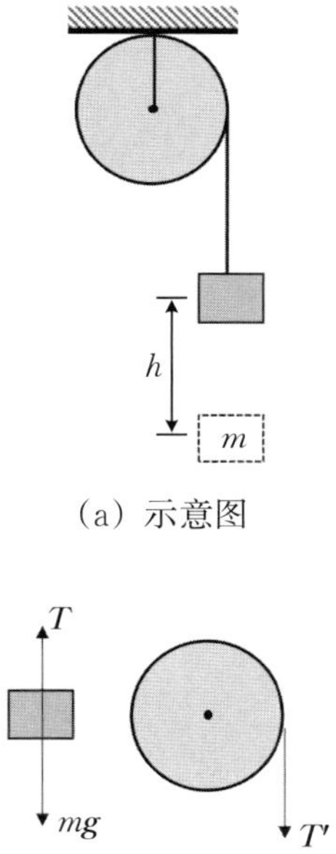

（a）示意图

（b）受力分析图

图4.2.6　例4.8用图

解　方法一：分别对重物和圆盘进行受力分析。

对重物：

$$mg-T=ma$$

对圆盘：

$$T'R=J\beta$$

因

$$J=\frac{1}{2}MR^2$$

$$\beta=\frac{2mg}{2mR+MR}$$

所以

$$a=R\beta=\frac{2mg}{2m+R}$$

由公式

$$v^2-v_0^2=2ah$$

可得

$$v=\sqrt{2ah}=\sqrt[2]{\frac{mgh}{2m+R}}$$

方法二：选择圆盘和重物作为系统，并将其视为绕着 O 轴转动的刚体。根据系统的动能定理可得

$$W_{外}+W_{内}=E_k-E_{k0}=E_k$$

其中，外力所做的功

$$W_{外}=mgh$$

内力所做的功

$$W_{内}=TR\Delta\theta-Th=0$$

因为末态的动能为圆盘的动能与重物的动能之和：

$$E_k=\frac{1}{2}J\omega^2+\frac{1}{2}mv^2=\frac{1}{4}Mv^2+\frac{1}{2}mv^2=\left(\frac{1}{4}M+\frac{1}{2}m\right)v^2$$

因此

$$mgh=\left(\frac{1}{4}M+\frac{1}{2}m\right)v^2$$

重物下落高度为 h 时所获得的速率为

$$v=2\sqrt{\frac{mgh}{2m+R}}$$

4.3 刚体定轴转动的转动定律

在4.2节中，我们讨论了力矩的功、转动惯量和转动动能等概念，获得刚体定轴转动的转动动能定理。在本节中，我们先进一步讨论转动惯量的概念，然后探讨力矩对刚体定轴转动状态的影响。

4.3.1 转动惯量

1. 转动惯量的定义

根据物体质量的分布情况，即质量离散分布和质量连续分布，转动惯量可通过两种不同的方法进行求解。

（1）质量离散分布

$$J=m_1r_1^2+m_2r_2^2+m_3r_3^2+\cdots+m_nr_n^2=\sum_{i=1}^{n}m_ir_i^2 \tag{4.3.1}$$

（2）质量连续分布

$$J=\int r^2\mathrm{d}m \tag{4.3.2}$$

2. 影响转动惯量的因素

例4.9 如图4.3.1所示，边长为l的正三角形三个顶角上，分别固定一质量为m的小球，三个小球可绕垂直于三角形平面的固定轴转动。求转轴位置处于下列各种情形刚体对应的转动惯量：

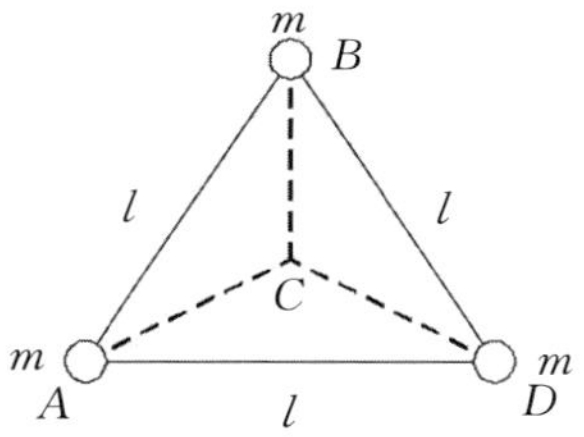

图4.3.1 例4.9用图

（1）转轴位于正三角形的中心C处；

（2）转轴位于正三角形的顶点A处；

（3）转轴位于正三角形的顶点A处，把A处的小球移至B处；

（4）转轴位于正三角形的中心C处，把A、B和D点处质量为m的小球用质量为$2m$的小球替换。

解 根据转动惯量的定义，有

（1）中心C处的转动惯量J_C为

$$J_C=m\times\left(\frac{\sqrt{3}}{3}l\right)^2\times3=ml^2$$

（2）中心A处的转动惯量J_A为

$$J_A=m\times l^2\times2=2ml^2$$

（3）中心A处的转动惯量J_A'为

$$J_A'=2m\times l^2+m\times l^2=3ml^2$$

（4）中心C处的转动惯量J_C'为

$$J_C'=2m\times\left(\frac{\sqrt{3}}{3}l\right)^2\times 3=2ml^2$$

讨论

由例4.9的（1）和（2）小问可知，改变转轴位置对刚体的转动惯量产生了影响；由（2）和（3）小问可知，调整刚体上的质量分布对刚体的转动惯量产生了影响；由（1）和（3）小问可知，改变刚体的总质量，刚体的转动惯量同样受到了影响。事实上，这些正是影响刚体转动惯量的主要因素：①转轴的位置；②总质量不变时，质量分布；③总质量。

在例4.9中，定轴转动刚体可视为由三个同轴的刚体单元组成，不难看出：刚体的转动惯量等于每一个基本单元的转动惯量之和。这一结论称为转动惯量的可加性，即同轴刚体系统转动惯量具有可加性。事实上，转动惯量的计算过程正是运用了转动惯量的可加性。

例4.10（**细棒的转动惯量**） 如图4.3.2所示，质量为m、长度为L的匀质细棒可绕过质心的定轴转动，也可绕一端为定轴转动，试求其转动惯量J_C和J_O。

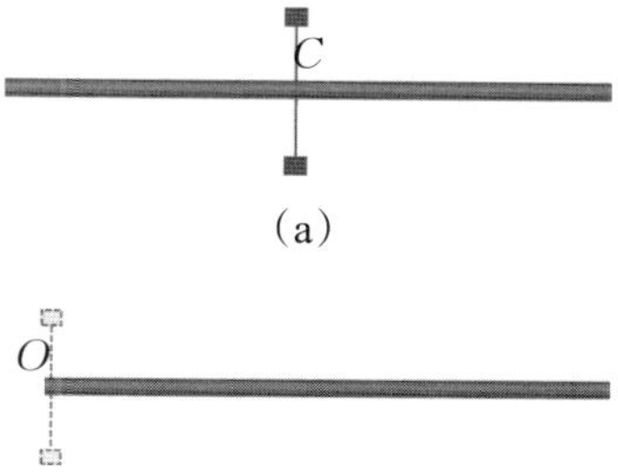

(a)

(b)

图4.3.2 例4.10用图

解 （1）以过质心C为转轴的转动惯量J_C。

如图4.3.2（a）所示，以质心为坐标原点，建立坐标。假设细棒由无数个质量均为$\mathrm{d}m$的刚体组成，任意一个刚体到转轴的距离为x，由此可知，细棒的转动惯量I_C可表示为

$$I_C=\int x^2\mathrm{d}m$$

因为

$$\mathrm{d}m=\frac{m}{l}\mathrm{d}x$$

所以

$$J_C=\int x^2\mathrm{d}m=\int_{-\frac{l}{2}}^{\frac{l}{2}}\frac{m}{l}x^2\mathrm{d}x=\frac{1}{12}ml^2 \qquad (4.3.3)$$

（2）以一端为转轴的转动惯量I_O。

当刚体的转轴位于细棒一端时，为便于计算，将坐标原点调整到新转轴所在位置，如图4.3.2（b）所示。刚体转动惯量的计算方法不变，只是坐标取值范围发生了变化，从而有

$$J_O=\int x^2\mathrm{d}m=\int_0^l\frac{m}{l}x^2\mathrm{d}x=\frac{1}{3}ml^2 \qquad (4.3.4)$$

讨论

在例4.10中，我们可以看到，刚体以过质心为转轴转动的转动惯量 J_C 和以一端为转轴转动的转动惯量 J_O 存在如下关系：

$$J_O = J_C + m\left(\frac{l}{2}\right)^2$$

其中，$\frac{l}{2}$ 为两转轴之间的距离。

对于例4.9，同样可以发现类似的规律，即

$$J_A = J_C + (3m)\times\left(\frac{\sqrt{3}}{3}l\right)^2$$

式中，$3m$ 为刚体的总质量，$\frac{\sqrt{3}}{3}l$ 为过质心转轴 C 到转轴 A 的距离。事实上，以上结论可以推广到更为普遍的情况，即平行移轴定理

$$J_{O'} = J_C + md^2 \tag{4.3.5}$$

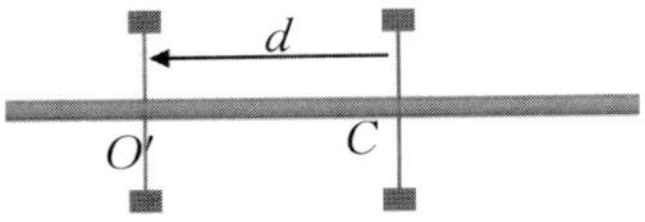

图4.3.3 平行移轴定理示意图

平行移轴定理的示意图如图4.3.3所示。

平行移轴定理表明，刚体过 O' 轴的转动惯量 $J_{O'}$，等于以过质心 C 且与 O' 轴平行的转轴转动的转动惯量 J_C 加上总质量 m 与两平行轴距平方 d^2 的乘积。从该定理可以看出：当转轴穿过刚体系统的质心时，转动惯量最小；转轴离质心越远，转动惯量就越大。

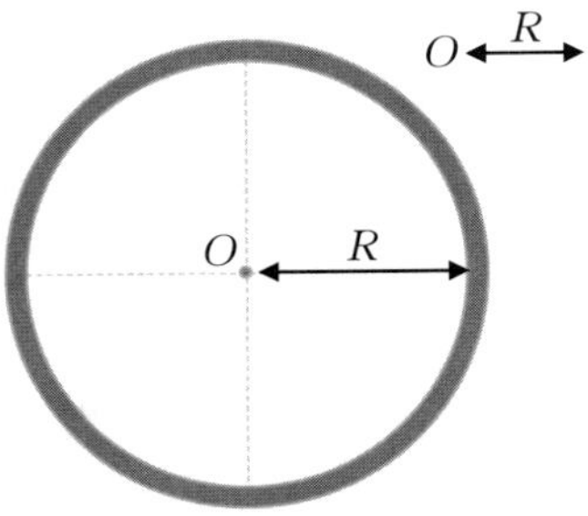

图4.3.4 例4.11用图

3. 几种常见刚体的转动惯量的计算

例4.11（圆环的转动惯量） 质量为 m、半径为 R 的圆环，可绕垂直于环面的中心 O 轴转动，试求其转动惯量 J。

解 如图4.3.4所示，将圆环看成是由质量为 $\mathrm{d}m$ 的质点系组成的，则其转动惯量为

$$J_O = \int R^2 \mathrm{d}m = R^2\int_0^m \mathrm{d}m = mR^2 \tag{4.3.6}$$

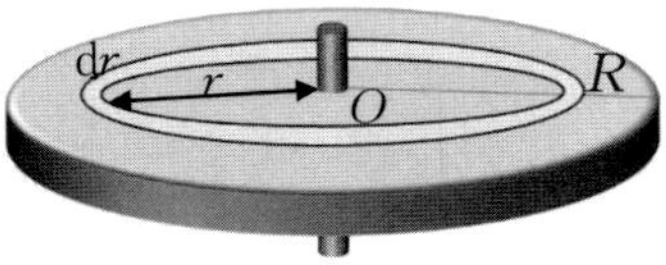

图4.3.5 例4.12用图

例4.12（圆盘的转动惯量） 质量为 m、半径为 R 的圆薄圆盘，可绕垂直于盘面的中心 O 轴转动，试求其转动惯量 J。

解 将薄圆盘视为由无数同轴的圆环组成。如图4.3.5所示，薄圆盘上任意一圆环的半径为 r（$0 < r < R$），宽度为 $\mathrm{d}r$，质量为 $\mathrm{d}m$，则其转动惯量 $\mathrm{d}J$ 为

$$\mathrm{d}J = r^2\mathrm{d}m = r^2\frac{m}{\pi R^2}2\pi r\mathrm{d}r$$

根据转动惯量的同轴可加性可知

$$J=\int dJ=\int_0^R r^2\frac{m}{\pi R^2}2\pi r dr$$
$$=\frac{2m}{R^2}\int_0^R r^3 dr$$
$$=\frac{2m}{R^2}\left[\frac{1}{4}r^4\right]_0^R$$
$$=\frac{1}{2}mR^2 \tag{4.3.7}$$

例4.13（**实心球的转动惯量**）　质量为m、半径为R的实心球，可绕中心轴转动，试求其转动惯量I。

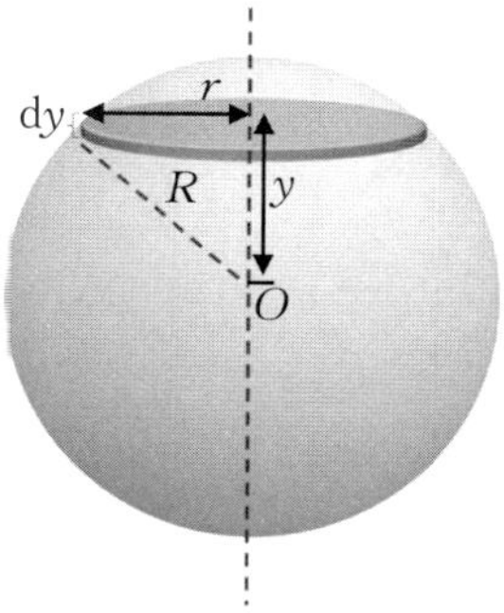

图4.3.6　例4.13用图

解　如图4.3.6所示，将实心球看成由许多共轴的半径为r（$0<r<R$）、质量为dm、厚度为dy的薄圆盘构成，则实心球对中心轴的转动惯量J等于薄圆盘转动惯量dJ的叠加。

薄圆盘的转动惯量dJ为

$$dJ=\frac{1}{2}r^2dm$$

其中

$$dm=\frac{m}{\frac{4}{3}R^3}r^2dy=\frac{3m}{4R^3}(R^2-y^2)dy$$

实心球的转动惯量J为

$$J=\int dJ=\int_{-R}^{R}\frac{3m}{8R^3}(R^2-y^2)^2dy$$
$$=\frac{3m}{8R^3}\int_{-R}^{R}(R^2-y^2)^2dy$$
$$=\frac{3m}{8R^3}\left[R^4y-\frac{2}{3}R^2y^3+\frac{1}{5}y^5\right]_{-R}^{R}$$
$$=\frac{2}{5}mR^2 \tag{4.3.8}$$

讨论

例4.11～4.13展示了同轴可加性在转动惯量计算中的应用。由此可以看出，应用已知形状作为基本单元构建同轴系统，再应用同轴可加性计算转动惯量，可以很好地简化计算过程。

4.3.2　刚体定轴转动的转动定律

实验表明，对同一个定轴转动刚体而言，其角速度$\boldsymbol{\beta}$的大小与作用于其本身的合力矩$\boldsymbol{M}$的大小成正比，角速度$\boldsymbol{\beta}$的方向与合力矩$\boldsymbol{M}$的方向一致；而当采用相同的力矩$\boldsymbol{M}$作用于不同的定轴转动刚体时，转动惯量大的刚体所获得的角加速度小，

而转动惯量小的刚体所获得的角加速度大。这一结论可以用公式表示为

$$M=J\beta \tag{4.3.9}$$

式（4.3.9）表明：刚体绕固定轴转动时所获得的角加速度与其所受的合外力矩成正比，与其转动惯量成反比，这一结论称为刚体定轴转动的转动定律（简称转动定律）。

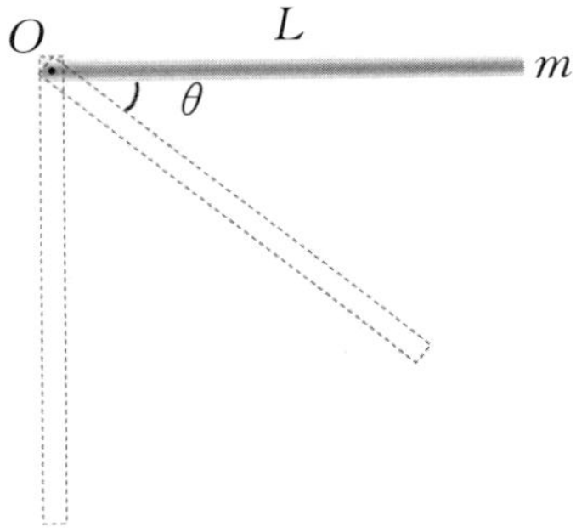

图4.3.7　例4.14用图

例4.14　如图4.3.7所示，质量为m、长度为l的匀直细杠，以一端为转轴，从水平位置静止释放，试分析细杠在下摆过程中角速度和角加速度的变化情况。

解　在下摆过程中，细杆所受的重力矩为

$$M=\frac{1}{2}mgL\cos\theta$$

细杆的转动惯量为

$$J=\frac{1}{3}mL^2$$

根据转动定律，角加速度为

$$\beta=\frac{M}{J}=\frac{3g}{2L}\cos\theta$$

根据动能定理，角速度为

$$\omega=\sqrt{\frac{3g}{L}\sin\theta}$$

可见，细杆在下摆的过程中，角加速度在不断减小，而角速度在不断增大。

当细杆位于水平位置时：

$$\theta=0，\beta=\frac{3g}{2L}，\omega=0$$

当细杆位于竖直位置时：

$$\theta=\frac{\pi}{2}，\beta=0，\omega=\sqrt{\frac{3g}{L}}$$

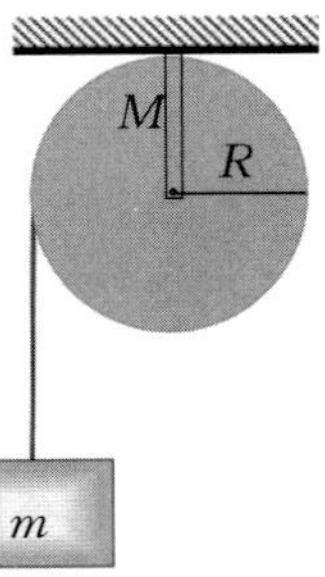

（a）示意图

图4.3.8　例4.15用图

例 4.15　如图4.3.8（a）所示，轻细绳的一端缠绕在质量为M、半径为R的定滑轮边缘，另一端挂有一质量为m的物体。试求定滑轮的角加速度β和物体m的加速度a。

解　方法一：采用隔离法，如图4.3.8（b）所示分别对定滑轮和物体m进行受力分析。

对物体：

$$mg-T=ma$$

对定滑轮：

$$TR=J\beta$$

定滑轮的转动惯量：

$$J=\frac{1}{2}MR^2$$

定滑轮的角加速度和物体的加速度之间满足如下关系：

$$a=R\beta$$

解得

$$\beta=\frac{m}{\left(m+\frac{1}{2}M\right)R}g$$

$$a=R\beta=\frac{m}{\left(m+\frac{1}{2}M\right)}g$$

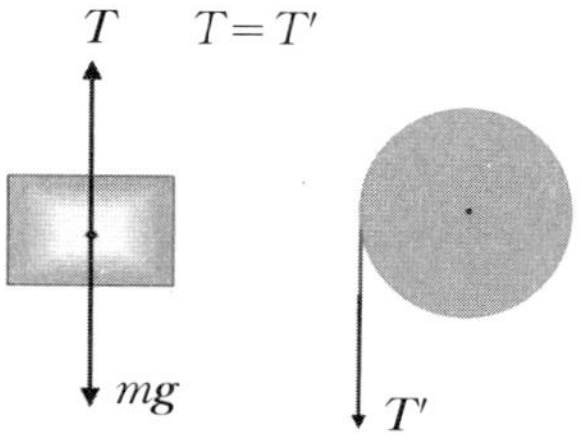

（b）受力分析图

图4.3.8　例4.15用图（续）

例4.16　如图4.3.9（a）所示，轻绳跨过质量为M、半径为R的定滑轮，轻绳的两端系着质量分别为m_1和m_2的物块1和物块2。试求绳中的张力和两物块的加速度。

解　采用隔离法，如图4.3.9（b）所示，分别对定滑轮、物块1和物块2进行受力分析。

对定滑轮：

$$(T_1-T_2)R=I\beta$$

$$I=MR^2/2$$

对物块1：

$$m_1g-T_1=m_1a$$

对物块2：

$$T_1-m_1g=m_1a$$

定滑轮的角加速度和物块1、物块2的线加速度满足如下关系：

$$a=R\beta$$

解得

$$a=\frac{m_1-m_2}{m_1+m_2+\frac{1}{2}M}g<g$$

$$T_1=m_1(g-a)=m_1\left(\frac{2m_2+\frac{1}{2}M}{m_1+m_2+\frac{1}{2}M}\right)g$$

$$T_2=m_2(g+a)=m_2\left(\frac{2m_1+\frac{1}{2}M}{m_1+m_2+\frac{1}{2}M}\right)g$$

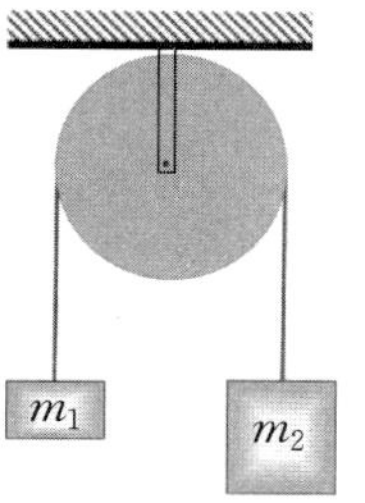

（a）示意图

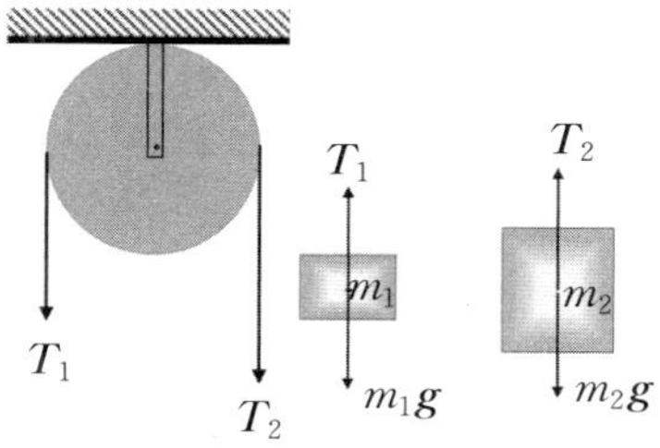

（b）受力分析图

图4.3.9　例4.16用图

4.4 角动量定理及角动量守恒定律

当质点在平动时，我们通常采用动量来描述其运动状态。对于质点系而言，动量等于其中每一个质点的动量的矢量叠加。有趣的是，当质量分布均匀的圆盘绕着穿过质心且垂直于盘面的转轴转动时，系统的总动量为零。这说明，动量这一概念不能很好地描述定轴转动刚体的转动状态。因此，我们引入角动量来描述刚体的定轴转动状态。

4.4.1 角动量

1. 质点的角动量

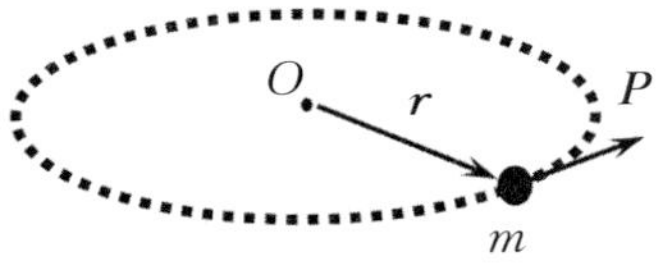

图4.4.1 质点的角动量

如图4.4.1所示，质量为m的一质点，以速度$\boldsymbol{v}$绕一固定点O转动，其转动状态可以用角动量（以L表示）来描述。

角动量L的定义：位置矢量$\boldsymbol{r}$和动量P的叉乘。用公式表示为

$$L=\boldsymbol{r}\times\boldsymbol{P}=\boldsymbol{r}\times m\boldsymbol{v} \tag{4.4.1}$$

角动量$\boldsymbol{L}$是一个矢量，其大小为

$$L=rmv\sin\theta \tag{4.4.2}$$

其方向用右手螺旋法则判定。

2. 定轴转动刚体的角动量

对于定轴转动刚体而言，所有质点都在绕转轴做圆周运动，角动量L的大小可以进一步表示为

$$L=rmv=J\omega$$

其中，J为转动惯量，ω为角速度；角动量的方向与ω的方向相同。

事实上，对于任意一个定轴转动刚体，其角动量均可以用下式表示：

$$\boldsymbol{L}=J\boldsymbol{\omega} \tag{4.4.3}$$

即定轴刚体的角动量等于转动惯量与角速度的乘积。

4.4.2 角动量定理

1. 质点的角动量定理

质点的角动量为

$$\boldsymbol{L}=\boldsymbol{r}\times\boldsymbol{P}=\boldsymbol{r}\times m\boldsymbol{v}$$

考虑角动量随时间的变化率，对上式求一阶导数：

$$\frac{\mathrm{d}\boldsymbol{L}}{\mathrm{d}t}=\frac{\mathrm{d}\boldsymbol{r}}{\mathrm{d}t}\times\boldsymbol{P}+\boldsymbol{r}\times\frac{\mathrm{d}\boldsymbol{P}}{\mathrm{d}t}=\boldsymbol{r}\times\boldsymbol{F}$$

得

$$\boldsymbol{M}=\frac{\mathrm{d}\boldsymbol{L}}{\mathrm{d}t} \tag{4.4.4}$$

即质点绕某一转动中心的力矩等于其角动量的一阶导数。

对于定轴转动刚体，由于角动量可以表示为 $L=J\boldsymbol{\omega}$，因此

$$\boldsymbol{M}=\frac{\mathrm{d}\boldsymbol{L}}{\mathrm{d}t}=J\boldsymbol{\beta} \tag{4.4.5}$$

式（4.4.5）正是刚体定轴转动的转动定律。

2. **刚体定轴转动的角动量定理**

假设 t_1 时刻刚体的角速度为 $\boldsymbol{\omega}_1$，t_2 时刻刚体的角速度为 $\boldsymbol{\omega}_2$，由刚体定轴转动的转动定律

$$\boldsymbol{M}=\frac{\mathrm{d}\boldsymbol{L}}{\mathrm{d}t}=\frac{\mathrm{d}(J\boldsymbol{\omega})}{\mathrm{d}t}$$

在等式两端同时乘以 dt，并在 t_1～t_2 时间段内进行积分，可得

$$\int_{t_1}^{t_2}\boldsymbol{M}dt=J_2\boldsymbol{\omega}_2-J_1\boldsymbol{\omega}_1 \tag{4.4.6}$$

式中，$\int_{t_1}^{t_2}\boldsymbol{M}\mathrm{d}t$ 为 $\boldsymbol{M}$ 在 t_1～t_2 内对刚体的冲量矩。冲量矩是矢量，表示力矩的时间积累效应，合外力矩对刚体的冲量矩等于刚体角动量的增量，这一结论称为刚体定轴转动的角动量定理。

例4.17　如图4.4.2所示，质量为 m_2、长为 l 的木棒静止于竖直平面内，一质量为 m_1 的子弹垂直于细棒镶入细棒末端，并与其一起上摆30°角，试求子弹的初速度。

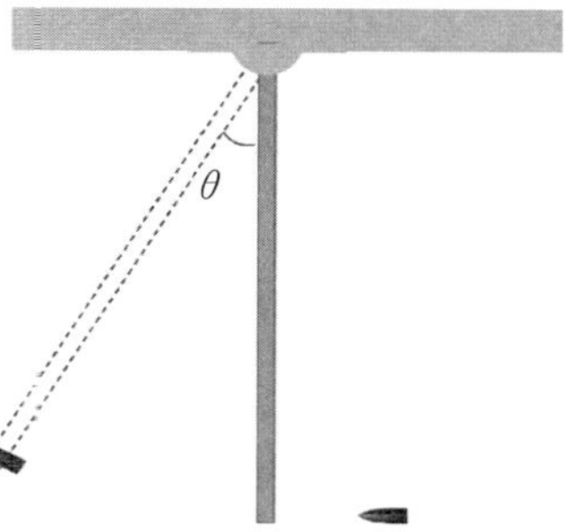

图4.4.2　例4.17用图

解　碰撞过程：假设在子弹镶入细棒过程中子弹所受的阻力为 $\boldsymbol{F}$，根据动量定理可得，碰撞过程子弹所受的冲量的大小为

$$\int F\mathrm{d}t=m_1v-m_1v_0 \tag{4.4.7}$$

假设在子弹镶入细棒过程中，细棒所受的作用力为 F'，根据角动量定理，碰撞过程子弹对细棒的冲量矩为

$$\int F'l\mathrm{d}t=J\omega-0 \tag{4.4.8}$$

F 和 F' 为一对相互作用力，即

$$F=-F' \tag{4.4.9}$$

联立式（4.4.7）和式（4.4.8），可得

$$v_0=\left(1-\frac{m_2}{3m_1}\right)v \tag{4.4.10}$$

碰撞完成后，子弹和细棒共同上摆，重力所做的功为

$$W_{重}=-\left[m_1gl(1-\cos 30^{\circ})+\frac{1}{2}m_2gl(1-\cos 30^{\circ})\right] \tag{4.4.11}$$

根据动能定理，可得

$$W_{重}=0-\left(\frac{1}{2}m_1v^2+\frac{1}{2}J\omega^2\right) \tag{4.4.12}$$

$$\omega=\frac{v}{l} \tag{4.4.13}$$

$$J=\frac{1}{3}m_2l^2 \tag{4.4.14}$$

联立式（4.4.11）～（4.4.14），可得

$$3W_{重}=(3m_1-m_2)v^2 \tag{4.4.15}$$

联立式（4.4.10）和式（4.4.15），可得

$$v_0=\frac{1}{m_1}\sqrt{\frac{g}{6}l(2-\sqrt{3})(m_2+2m_1)(m_2+3m_1)}$$

思考题

例4.17是否可以采用动量守恒来解，为什么？

3. 刚体系统的角动量定理

对于由多个刚体组成的系统，角动量定理仍然可以表示为

$$\boldsymbol{M}=\frac{\mathrm{d}\boldsymbol{L}}{\mathrm{d}t}$$

式中，$\boldsymbol{M}$ 为系统的合外力矩，而 $\boldsymbol{L}$ 为整个系统的总角动量，即

$$\boldsymbol{L}=\boldsymbol{L}_1+\boldsymbol{L}_2+\boldsymbol{L}_3+\cdots$$

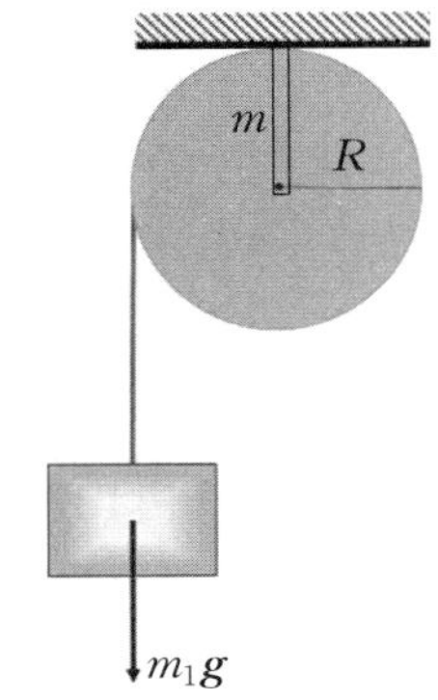

图4.4.3　例4.18用图

例4.18　如图4.4.3所示，细绳的一端缠绕在质量为 m、半径为 R 的定滑轮边缘，另一端挂有一质量为 m_1 的物体。某一时刻从静止释放物体，试求定轮滑的角加速度 β 。

解　将定滑轮和物体视为一个系统，系统的合力矩 $\boldsymbol{M}$ 的大小为

$$M=m_1gR$$

定滑轮的角动量 L 的大小为

$$L=I\omega$$

物体的角动量 L' 的大小为

$$L'=m_1R^2\omega$$

由刚体系统的角动量定理得

$$M=\frac{\mathrm{d}L}{\mathrm{d}t}=\frac{\mathrm{d}(L+L')}{\mathrm{d}t}=\left(\frac{1}{2}mR^2+m_1R^2\right)\beta$$

因此

$$\beta=\frac{m_1g}{\frac{1}{2}mR+m_1R}$$

4.4.3　角动量守恒定律

根据角动量定理

$$\boldsymbol{M}=\frac{\mathrm{d}\boldsymbol{L}}{\mathrm{d}t}$$

可得，当作用于刚体的合力矩等于零时，刚体的角动量守恒，即

$$\text{当 } \boldsymbol{M}=0 \text{ 时，} \boldsymbol{L}=\text{常矢量} \tag{4.4.16}$$

这一结论称为角动量守恒定律。

例4.19　两个飞轮A与B可通过摩擦进行齿合，齿合后它们以相同的转速一起转动。如图4.4.4所示，A、B两飞轮的轴杆在同一轴线上，A轮对轴的转动惯量为J_A，B轮对轴的转动惯量为J_B，齿合前，A轮的角速度为ω_A，B轮静止。试求齿合后两轮的共同角速度。

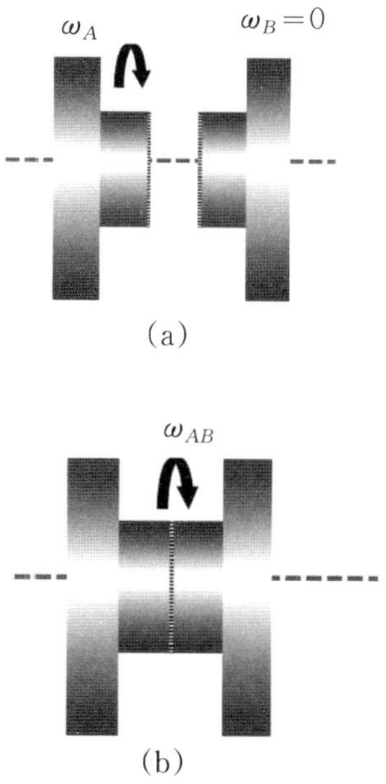

图4.4.4　例4.19用图

解　由于共轴A和B两轮组成的系统，在齿合过程中做惯性转动，无外力驱动，所受的合外力矩为零，系统齿合前后角动量守恒。

$$J_A\omega_A+0=(J_A+J_B)\omega_{AB}$$

所以齿合后，系统的角动量为

$$\omega_{AB}=\frac{J_A\omega_A}{J_A+J_B}$$

思考题

请从角动量守恒的角度解答例4.17。

重要概念回顾

1. **描述刚体定轴转动的物理量**

(1) 角位置θ。

刚体上任意一点在转动平面内与转轴的连线与参考线之间的夹角θ称为角位置。

(2) 角位移$\Delta\theta$。

刚体在特定时间内所转过的角度称为角位移。

(3) 角速度。

$$\omega=\frac{\mathrm{d}\theta}{\mathrm{d}t}$$

角速度ω等于求运动方程$\theta(t)$对时间t的一阶导数，其方向与角位移的变化方向一致。角速度的方向可用右手螺旋法则来确定，即右手四指朝着刚体转动的方向握紧，此时拇指所指的方向即为角速度方向。

（4）角加速度。

$$\beta=\frac{\mathrm{d}\omega}{\mathrm{d}t}$$

角加速度 β 等于角速度 $\omega(t)$ 对时间 t 的一阶导数，其方向与角速度的变化方向一致。

2. **角量与线量的关系**

（1）速率与角速度大小的关系：

$$v=r\omega$$

（2）加速度大小与角加速度大小的关系：

$$a_{\tau}=r\beta$$

$$a_{n}=r\omega^{2}$$

3. **力矩**

$$\boldsymbol{M}=\boldsymbol{r}\times\boldsymbol{F}$$

4. **力矩的功**

$$W=\int_{\theta_1}^{\theta_2}\mathrm{d}W=\int_{\theta_1}^{\theta_2}M\mathrm{d}\theta$$

将力对刚体定轴转动所做的功表示为力矩的形式，称为力矩的功，力矩的功等于力矩的元功在这段角位移上的积分。

5. **刚体定轴转动的转动动能**

$$E_{\mathrm{k}}=\frac{1}{2}J\omega^{2}$$

式中，J 为转动惯量，ω 为角速度。

6. **刚体定轴转动的转动动能定理**

$$\int_{\theta_1}^{\theta_2}M_{外}\mathrm{d}\theta=\frac{1}{2}J\omega^{2}-\frac{1}{2}J\omega_{0}^{2}$$

合外力矩的功等于刚体转动动能的增量，这一结论称为刚体定轴转动的转动动能定理。

7. **转动惯量及影响转动惯量的因素**

（1）转动惯量：

$$J=m_1r_1^2+m_2r_2^2+m_3r_3^2+\cdots+m_nr_n^2=\sum_{i=1}^{n}m_ir_i^2$$

转动惯量等于刚体中每个质点的质量与其到转轴距离平方乘积之和。

（2）影响转动惯量的因素：

①转轴的位置；②总质量不变时，质量分布；③总质量。

8. **刚体定轴转动的转动定律**

$$M=J\beta$$

定轴转动刚体所获得的角加速度的大小与其所受的合外力矩的大小成正比，与其转动惯量的大小成反比，这一结论称为刚体定轴转动的转动定律。

9. **角动量定理**

（1）角动量。

$$\boldsymbol{L}=J\boldsymbol{\omega}$$

（2）角动量定理。

$$\int_{t_1}^{t_2}\boldsymbol{M}\mathrm{d}t=J_2\boldsymbol{\omega}_2-J_1\boldsymbol{\omega}_1$$

合外力矩对刚体的冲量矩等于刚体角动量的增量。

10. **角动量守恒定律**

当作用于定轴转动刚体或刚体系统的合力矩等于零时，刚体的角动量守恒。

思考题

1. 研究刚体定轴转动时，为什么引入力矩的概念？
2. 转动惯量的定义是什么？影响转动惯量的因素有哪些？
3. 力矩在刚体定轴转动中的作用是什么？
4. 转动动能定理的内容是什么？请将其与系统的动能定理进行比较。
5. 转动定律的内容是什么？请将其与牛顿第二定律进行比较。
6. 试比较动量守恒定律与角动量守恒定律。

习　题

1. 求正常走动钟表的时针、分针和秒针的角速度。

2. 刚体定轴转动的运动方程为 $\theta=5\pi+2\pi t^3$（rad），当 $t=1$ s时，试求刚体上距转轴为0.5 m的一点 P 的加速度。

3. 一半径 $r=2$ md的圆盘以3 000 r/min的转速绕垂直于盘面的中心轴转动，现有一制动杆与其边缘摩擦使其停止转动，制动杆制动30 s后圆盘转速为零。试求圆盘停止转动前已转动的圈数。

4. 如习题4图所示，有一半径为 R、质量为 M 的转台可绕着光滑转轴 O 转动。台上有一个质量为 m 的人站在离转轴为 r（$r<R$）的地方和台一起以 ω_0 的角速度转动。当人沿着半径方向走到台的边缘时，转台和人的角速度分别为多少？

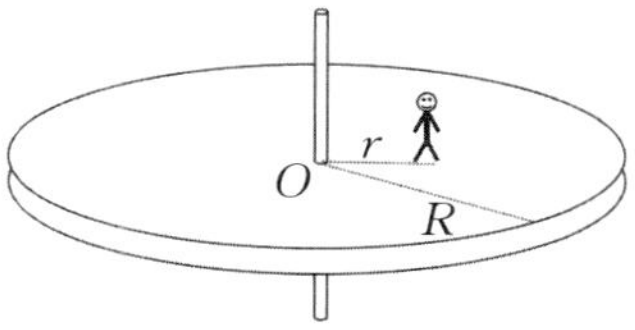

习题4图

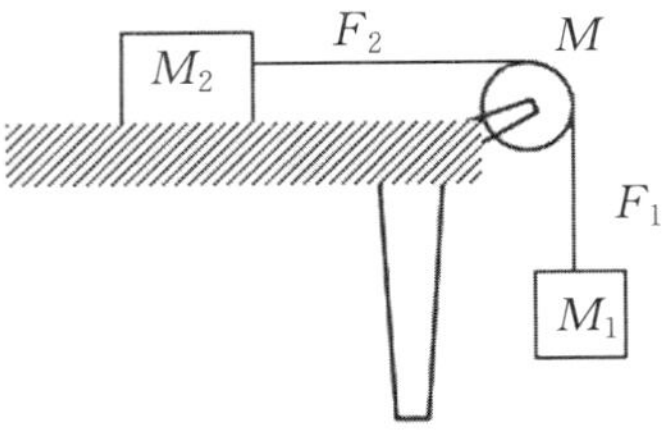

习题5图

5. 如习题5图所示，质量为M、半径为R的定滑轮可绕通过其中心轴线的光滑水平固定轴转动，光滑桌平面上质量为M_2的物体通过轻绳跨过滑轮与质量为M_1的物体相连。求绳中的张力、两物体的加速度。

6. 一质量为m、长为L的木棒，可绕木棒的一端O点转动。起初，木棒静止在竖直平面内，现有一质量为m_0的钢球以v_0的速度从水平方向射来并垂直击中木棒最下端，碰撞后钢球速度变为v_1，求碰撞后木棒能够上摆的最高角度。

第5章　静　电　场

章首问题

在南美洲亚马逊流域，有一种体型粗圆而长、体表光滑无鳞的鱼类——电鳗。电鳗属裸背电鳗科的鳗形南美鱼类，具有强大的放电能力，能够输出高达300～800 V的电压，因此有水中“高压线”之称。你知道电鳗是如何充放电的吗?

自观察到闪电等基本的电现象以来，人类经过漫长的时间，才发现电学的基本规律：通过摩擦和感应的方法能够使一个物体带正电荷或负电荷；带电物体之间存在相互作用力，并满足同种电荷相排斥、异种电荷相吸引的规律。电荷的相互作用力是一种与万有引力和磁场力完全不同的力。本章主要讨论相对于观察者静止，且电量不随时间发生变化的电荷之间的相互作用力，即静电力。

对物质结构认识的不断深入使人类对各种电现象的本质有了更深入的认识。我们知道，构成物质的原子由带正电的质子、不带电的中子和带负电的电子组成，且质子和电子带有等量异号电荷。通常情况下，电子被束缚于原子核周围，使整个原子对外界呈电中性。当采用不同物质进行摩擦（或用带电物体对导体进行感应）时，构成物质的原子会经历电子的得失或重新分布的过程，我们通常把物体电子得失或者重新分布的过程称为带电过程，用电量来描述原子带电的多少。

大量实验表明，在自然界中，电荷总是以一个基本单元的整数倍出现的，其他带电体的电量只能为基本单元电荷（电子电量）的整数倍，这一特性称为电荷的量子化。在任何一个物理过程中，电量是守恒的，即正负电荷的电量总和保持不变，这一规律称为电荷守恒定律。此外，电荷的电量与其运动的速度无关（相对论不变性）。

与力学中的质点类似，在电学中，我们通常引入一个叫作点电荷的理想模型来使复杂的问题简单化。当带电体本身的线度远远小于所研究问题的空间跨度时，通常忽略带电体的形状和大小，而把带电体视为一个带有电量的点，这种从带电体上抽象出来的理想模型称为点电荷。与质点不同的是，一个物体所带的电荷有正负差异。因此，在对带电体做点电荷模型抽象时，不仅仅需要考虑时空的距离，还要考虑带电类型的影响。

5.1　库仑定律

1785年，库仑发表论文报道了关于电荷作用力的研究成果。在这一论文中，他利用自己发明的库仑扭秤装置，通过实验得出结论：两个带有同号电荷的球体之间的斥力与两球中心距离的平方成反比关系。1787年，库仑再次发表论文，报道了关于电荷作用力的相关研究成果。在这一论文中，他再次革新了测量方法，采用全新的电摆实验，首次通过实验得出结论：两个带异号电荷的球体之间的作用力同样满足吸引力与两球中心距离的平方成反比关系。总结起来，这些研究成果正是现在人们所熟悉的库仑定律。

库仑定律的内容可以表述为：两个静止点电荷之间相互作用力 F 的大小与点电荷电量 q_1 和 q_2 的乘积成正比，与它们之间距离 r 的平方成反比，作用力的方向沿着它们的连线，同号电荷相斥、异号电荷相吸。

库仑定律的数学表达式为

$$F=\frac{1}{4\pi\varepsilon_0}\frac{q_1q_2}{r^2}\boldsymbol{r}_0 \tag{5.1.1}$$

式中，ε_0 称为真空介电常数，$\varepsilon_0\approx 8.85\times10^{-12}\mathrm{C^2/(N\cdot m^2)}$，$\boldsymbol{r}_0$ 为单位矢量，其方向为施力电荷指向受力电荷。

例 5.1　已知氢原子由原子核和一个电子组成，其原子核质量为 $m_c=1.67\times10^{-27}\ \mathrm{kg}$，电子质量为 $m_e=9.11\times10^{-31}\ \mathrm{kg}$，电荷电量 $q=1.6\times10^{-19}\ \mathrm{C}$，万有引力常量 $G=6.67\times10^{-11}\ \mathrm{N\cdot m^2/kg^2}$。根据卢瑟福的原子核式结构模型，电子绕核做圆周运动，其轨道半径 $r=5.29\times10^{-11}\ \mathrm{m}$。求出原子核对电子的万有引力和库仑力。

解　(1) 万有引力。

两个物体之间的万有引力只有相互吸引作用，作用力大小与两物体之间质量的乘积成正比，与两物体之间距离的平方成反比，可用公式表示为

$$F_{\text{引}}=G\frac{M_1M_2}{r^2}$$

其中，M_1 和 M_2 为两物体的质量，r 为两物体之间的距离。在本例中，M_1 和 M_2 分别对应于原子核的质量和电子的质量。根据万有引力公式，可得原子核和一个电子之间的万有引力为

$$F_{\text{引}}=G\frac{m_cm_e}{r^2}=3.63\times10^{-47}\ \mathrm{N}$$

计算结果显示，原子核和一个电子之间的万有引力非常微弱。

(2) 库仑力。

两个带电体之间的静电力通常也称为库仑力，存在吸引和排斥两种情况，其作用力大小与带电体的电量的乘积成正比，与两物体之间距离的平方成反比，可用公式表示为

$$F_{库}=\frac{1}{4\pi\varepsilon_0}\frac{q_1q_2}{r^2}$$

需要注意的是，库仑定律只对点电荷适用。在本例中，原子核的半径远远小于氢原子的半径，所以可以直接将氢的原子核和电子作为点电荷，将相关参数代入库仑定律进行计算，则有

$$\begin{aligned}F_{库}&=\frac{1}{4\pi\varepsilon_0}\frac{q^2}{r^2}\\&=\frac{(1.6\times10^{-19})^2}{4\times\pi\times8.85\times10^{-12}\times(5.29\times10^{-11})^2}\\&=8\times10^{-8}\ \mathrm{N}\end{aligned}$$

计算结果显示，虽然原子核和电子之间的库仑力同样比较微弱，但相比之下，库仑力远远大于万有引力。

总结

库仑力和万有引力是在学习物理过程中常见的两种力。

万有引力和库仑定律存在显著的差异：前者与研究对象的质量有关，而后者与研究对象的电量有关；质量没有正负，万有引力只有吸引作用，而电量有正负差异，对应的库仑力也存在吸引和排斥两种情况。两个公式也存在类似的地方，那就是力的大小与研究对象之间距离的平方成反比关系。

它们从不同的角度，显示出了物质之间存在的力的属性。其中，万有引力展现的是物质的质量与力的关系，而库仑定律则展现了物体所带的电量与力的关系。

本题的计算结果表明，当讨论原子核及电子之间的相互作用时，万有引力完全可以忽略不计。

除了上述结论，在学习库仑定律的过程中，我们还需要注意以下几点。

(1) 库仑定律适用于真空中的点电荷。当需要考虑带电体的形状和大小时，带电体之间的相互作用力需要采用叠加原理进行计算。

(2) 根据库仑定律，当两个点电荷相对静止时，两个点电荷之间的作用力大小相等、反向相反，满足牛顿第三定律。然而，当两个点电荷之间存在相对运动时，两个电荷之间的作用力不仅仅是库仑力。

(3) 库仑定律定义了电量。

(4) 库仑定律的数学表达式，不仅仅包含了两个点电荷作用的力的大小，还包括了力的方向。

5.2　电场强度

5.2.1　静电场

万有引力、库仑力等作用都无须物体或带电体之间直接接触。因此，我们不禁要问：这些力是如何发生的？是通过某种特殊的媒介进行传递的吗？是否需要时间？抑或它们之间的作用完全不需要任何媒介？关于这个问题，历史上曾经出现过不同的观点，可以概括为“超距”和“近距”两种。“超距”观点认为，万有引力和库仑力的传递无须任何时间，也不需要任何的媒介；“近距”观点则认为，库仑力的传递不仅需要时间，还需要媒介。

近代物理学研究结果已经证明，万有引力和库仑力等作用是以场为媒介进行传递的，作用力的传递需要时间，与“近距”观点一致。在本小节中，我们主要讨论静电力。静电力的传播媒介称为静电场。对于静电力而言，可以认为其传播和作用发生的过程是相对观察者静止的，电量不随时间改变的带电体在其附近的空间中激发出静电场，而静电场对置于其中的电荷产生力的作用。

可以看到，静电场是指相对于观察者静止且电量不随时间变化的电荷激发出的电场。电场存在两方面的表现：一方面，对放入其中的电荷会产生力的作用，即电场力；另一方面，对在其中移动的电荷，电场力要做功。在本小节中，我们先从电场力的角度出发，对电场进行深入了解。

5.2.2　电场强度

如图5.2.1所示，当把带电量为 q_0 的检验电荷放入带电体激发的电场中时，检验电荷受到电场力 F 的作用。实验表明，在同一位置，带电体的电量 q 和检验电荷的电量 q_0 发生变化都会引起电场力 F 发生变化，这意味着电场力 F 不仅与带电体所带的电量有关，还与检验电荷的电量 q_0 有关。有趣的是，在同一位置，检验电荷所受的电场力 F 与其电量的比值却是一个常数，而在不同的位置，这一比值又是不同的值。这说明检验电荷所受的电场力 F 与其电量的比值反映了带电体所激发的电场，而与检验电荷本身无关。因此，从静电场的力的表现出发，采用检验电荷所受电场力与其电量的比值来描述电场在空间的分布，将其称为电场强度（简称场强），用 E 表示，即

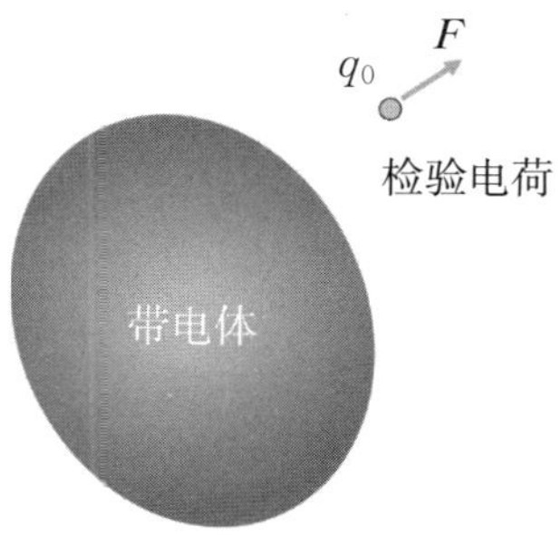

图5.2.1　电场强度

$$E=\frac{F}{q_0}$$

电场强度是矢量。物理学中规定，电场中某点的电场强度的方向与带正电的检验电荷所受的电场力的方向相同。电场强度的单位为牛/库仑（N/C）在国际单位制（SI）中，其单位为伏/米（V/m），1 N/C=1 V/m。

5.2.3 电场强度的计算

实验表明，在如图5.2.1所示的电场中，同一位置的电场强度是一个固定常数。当改变带电体的电量或带电体的形状时，电场强度会随之发生变化。此外，改变检验电荷的位置，所得到的电场强度也不同。这些结果说明，带电体周围电场的分布与带电体本身的电量、形状、大小及带电体本身的空间距离密切相关。因此，在本小节中，我们进一步考察带电体在其周围的空间所激发的电场的分布规律。

1. 点电荷的电场强度

利用电场强度的定义和库仑定律，我们能够直接获得点电荷的电场强度。

为了便于讨论，通常把激发电场的带电体所在位置称为场源，这样激发电场的带电体即为场源电荷。场源电荷所激发的电场分布的区域称为场点。通常情况下，场点特指电场分布区域内我们考察的点。

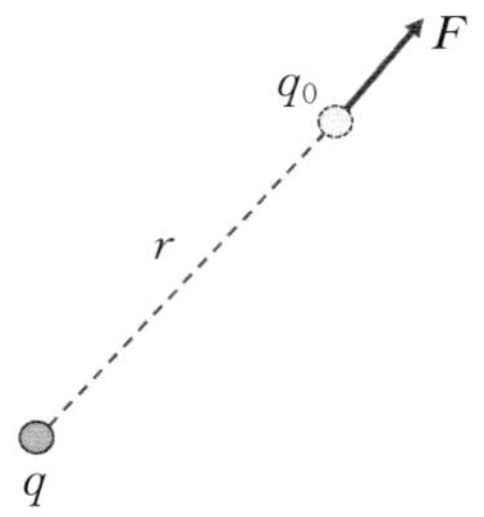

图5.2.2 点电荷的电场强度

例5.2 如图5.2.2所示，求点电荷q在空间中任意一点处的电场强度。

解 在本题中，场源电荷和检验电荷均为点电荷。因此，检验电荷所受的力F符合库仑定律，可得

$$\boldsymbol{E}=\frac{\boldsymbol{F}}{q_0}=\frac{1}{4\pi\varepsilon_0}\frac{qq_0}{r^2}\boldsymbol{r}_0\cdot\frac{1}{q_0}$$

$$=\frac{1}{4\pi\varepsilon_0}\cdot\frac{q}{r_2}\boldsymbol{r}_0$$

其中，q_0为检验电荷的电量，$\boldsymbol{F}$为检验电荷所受的力，$\boldsymbol{r}_0$为单位矢量。电场强度$\boldsymbol{E}$的方向由场源电荷q指向检验电荷q_0。

总结

通常，我们把形状和大小可以忽略的带电体称为点电荷。例5.2的计算结果给出了点电荷的电场强度的基本特性，即点电荷（场源电荷）在空间中某点处（场点）所激发的电场强度的大小与其电量成正比，与场源电荷到场点距离的平方成反比。

电场强度的方向与场源电荷的电性有关，正电荷的电场强度方向从场源电荷指向场点，负电荷的电场强度方向由场点指向场源电荷。

2. **电场强度的叠加原理和点电荷系的电场强度**

点电荷系是指由两个或者两个以上的点电荷组成的研究对象。点电荷系可分为两种：一种为电荷离散分布的点电荷系统，另一种则是电荷连续分布的点电荷系统。对于电荷连续分布的带电体而言，我们可以把它看作是由无数个点电荷组成的点电荷系。

根据库仑力的叠加原理不难证明，点电荷系在空间某点的总电场强度等于单个点电荷在该点的电场强度的矢量叠加，这一结论称为电场强度的叠加原理。因此，对于电荷离散分布的点电荷系而言，电场强度的叠加原理可表示为

$$\boldsymbol{E}=\sum_{i=1}^{n}\boldsymbol{E}_i$$

对于电荷连续分布的点电荷系而言，电场强度的叠加原理可表示为

$$\boldsymbol{E}=\int \mathrm{d}\boldsymbol{E}$$

本节分别对两种情况依次进行讨论。

情况一：电荷离散分布的点电荷系电场强度。

根据点电荷的电场强度公式和电荷离散分布的点电荷系的叠加原理，我们可以对电荷离散分布的点电荷系的电场强度进行计算。

例 5.3（**同号电荷构成的点电荷系电场强度**） 如图5.2.3所示为由电量分别为 q_1 和 q_2 的两个同号、相距 $2d$ 的点电荷组成的点电荷系。

（1）试求其中垂线上任意一点处的电场强度；

（2）讨论中垂线上电场强度分布情况。

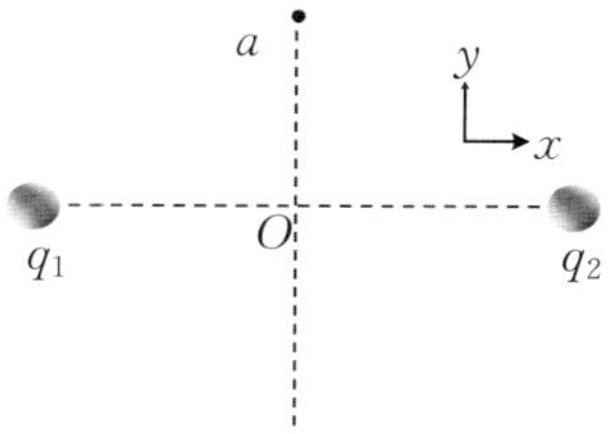

图5.2.3　例5.3用图

解　（1）计算其中垂直线上任意一点处的电场强度。

如图5.2.3所示，以两个点电荷连线中点为坐标原点建立坐标。根据电场强度的叠加原理可知，中垂线上与场源中心 O 点的距离为 y 的任意一点 a 处的电场强度 $\boldsymbol{E}_a$ 为

$$\boldsymbol{E}_a=E_{ax}\boldsymbol{i}+E_{ay}\boldsymbol{j}$$

其中，x 方向上的电场强度方向相反，即

$$\begin{aligned}E_{ax}&=E_{a1x}-E_{a2x}\\&=E_{a1}\cos\theta-E_{a2}\cos\theta\\&=\frac{(q_1-q_2)d}{4\pi\varepsilon_0(y^2+d^2)^{\frac{3}{2}}}\end{aligned}$$

y 方向上的电场强度方向相同，即

$$\begin{aligned}E_{ay}&=E_{a1y}+E_{a2y}\\&=E_{a1}\sin\theta+E_{a2}\sin\theta\\&=\frac{(q_1+q_2)y}{4\pi\varepsilon_0(y^2+d^2)^{3/2}}\end{aligned}$$

（2）讨论中垂线上电场强度的分布情况。

根据（1）中的计算结果，中垂线上的电场强度主要集中在 y 方向上，当两个点电荷接近时，x 方向上的电场强度几乎为零。

当场点 a 到场源中心 O 点的距离远远大于两点电荷之间的距离时，即 $y\gg 2d$ 时，x 方向上的电场强度变为

$$E_{ax}=\frac{(q_1-q_2)d}{4\pi\varepsilon_0(y^2+d^2)^{3/2}}\approx\frac{(q_1-q_2)d}{4\pi\varepsilon_0 y^3}\approx 0$$

y 方向上的电场强度变为

$$E_{ay}=\frac{(q_1+q_2)y}{4\pi\varepsilon_0(y^2+d^2)^{3/2}}\approx\frac{(q_1+q_2)y}{4\pi\varepsilon_0 y^3}=\frac{(q_1+q_2)}{4\pi\varepsilon_0 y^2}$$

有趣的是，当场点到场源的距离足够远时，中垂线上 x 方向的电场强度分量变为零，即电场强度的方向与中垂线所在的 y 方向重合，且大小满足与总电量成正比，与距离的平方成反比的点电荷的电场强度分布特性。

例 5.4（**异号电荷构成的点电荷系的电场强度**） 如图 5.2.4 所示，两个大小相等、符号相反的点电荷相距 l，构成系统，这一系统通常称为电偶极子。求电偶极子中垂线上和延长线上的电场强度。

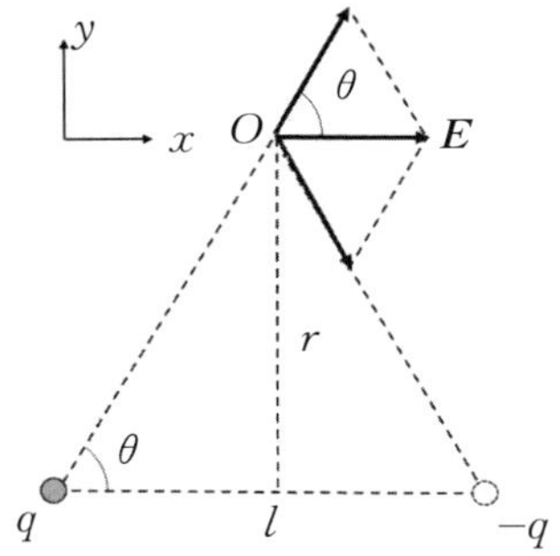

图 5.2.4　电偶极子的电场强度

解　（1）电偶极子中垂线上的电场强度。

如图 5.2.4 所示，在电偶极子中垂线上任意取一场点 A 作为原点建立直角坐标，A 点到电偶极子中心的距离为 r 。根据电场强度的叠加原理，A 点处的总电场强度为

$$\boldsymbol{E}_A=\boldsymbol{E}_A^+ +\boldsymbol{E}_A^-$$

沿着坐标分解，其中，x 方向上

$$\begin{aligned}E_{Ax}&=E_{Ax}^+ +E_{Ax}^- =\left(E_A^+ +E_A^-\right)\cos\theta\\&=-2\frac{q}{4\pi\varepsilon_0}\frac{\frac{l}{2}}{r^2+\left(\frac{l}{2}\right)^2}\frac{1}{\sqrt{r^2+\left(\frac{l}{2}\right)^2}}\end{aligned}$$

$$=-\frac{q}{4\pi\varepsilon_0}\frac{l}{\left[r^2+\left(\frac{l}{2}\right)^2\right]^{3/2}}$$

y 方向上

$$E_{Ay}=E_{Ay}^{+}-E_{Ay}^{-}=0$$

因此，总电场强度

$$\begin{aligned}\boldsymbol{E}_A&=\boldsymbol{E}_{Ax}+\boldsymbol{E}_{Ay}\\&=-\frac{q}{4\pi\varepsilon_0}\frac{l}{\left[r^2+\left(\frac{l}{2}\right)^2\right]^{3/2}}\boldsymbol{j}\end{aligned}$$

（2）电偶极子延长线上的电场强度。

同理，在电偶极子延长线上任意取点B作为原点建立直角坐标。在两个点电荷产生的电场强度方向均在 x 方向上。因此，电偶极子延长线上任意一点B处的电场强度为

$$\begin{aligned}E_B&=E_B^{+}-E_B^{-}\\&=\frac{q}{4\pi\varepsilon_0}\left[\left(r-\frac{l}{2}\right)^{-2}-\left(r+\frac{l}{2}\right)^{-2}\right]\\&=\frac{q}{4\pi\varepsilon_0}\frac{2rl}{\left[r^2-\left(\frac{l}{2}\right)^2\right]^2}\end{aligned}$$

其中，l 为两点电荷之间的距离，r 为点 B 到电偶极子中心的距离。当场点到场源的距离远远大于电偶极子本身的尺寸时，即 $r\gg l$，上述的计算结果可进一步化简为

$$E_B=\frac{2ql}{4\pi\varepsilon_0 r^3}$$

讨论

基于上面的计算结果，我们可以看到场源到场点的距离远大于带电体本身线度时，电偶极子的电场分布：

$$E_{A远}=-\frac{1}{4\pi\varepsilon_0}\cdot\frac{ql}{r^3}$$

$$E_{B远}=\frac{1}{4\pi\varepsilon_0}\cdot\frac{2ql}{r^3}$$

可以看到，当 $r\gg l$ 时，电偶极子中垂线和延长线上的电场强度分布具有相同的规律——与 ql 成正比，与距离的三次方成反比。

从例5.4中对离散的点电荷系电场强度的计算过程，我们可

以看到，点电荷系电场强度的计算通常按照电场强度的叠加原理对点电荷的电场强度进行矢量叠加来实现。尽管矢量叠加的过程满足平行四边形法则，然而，为了使复杂问题简单化，通常会引入直角坐标系，在各个坐标分量上对电场强度进行叠加，最后对坐标分量的电场强度进行合成，获得最终的总电场强度。

情况二：电荷连续分布的点电荷系的电场强度

对于连续带电体，通常将其视为由无数个点电荷组成，可运用电场强度的叠加原理计算其电场强度。

例5.5 试求均匀带电圆环轴线上的电场强度。

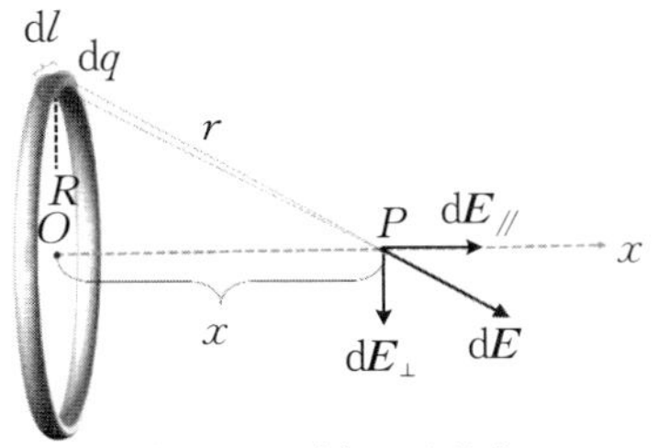

图5.2.5 例5.5用图

解 如图5.2.5所示，设带电圆环的电量为Q、半径为R，以带电圆环圆心O为坐标原点、轴线为x轴建立坐标系，则圆环轴线上任意一点P到坐标原点O的距离为x，P点处的电场强度可通过以下两个思路进行求解。

思路一：点电荷的电场强度叠加，即视场源带电圆环在场点P处激发的总电场强度等于圆环上每一个点电荷在P点处激发的电场强度的矢量叠加。

在带电圆环上任取一个点电荷，其电量为dq，点电荷在P点处激发的电场强度为

$$\mathrm{d}E=\frac{1}{4\pi\varepsilon_0}\frac{\mathrm{d}q}{r^2}$$

将电场强度沿平行x轴方向和垂直x轴方向分解，则有平行x轴方向：

$$\mathrm{d}E_{//}=\mathrm{d}E\cos\theta$$

$$E_{//}=\int\mathrm{d}E_{//}=\int\mathrm{d}E\cos\theta=\int_0^{2\pi R}\frac{1}{4\pi\varepsilon_0}\frac{\mathrm{d}q}{r^2}\frac{x}{r}$$

$$=\frac{1}{4\pi\varepsilon_0}\frac{Qx}{(x^2+R^2)^{3/2}}\frac{1}{2\pi R}\int_0^{2\pi R}\mathrm{d}l$$

$$=\frac{Qx}{4\pi\varepsilon_0(x^2+R^2)^{3/2}}$$

垂直x轴方向：

$$\mathrm{d}E_{\perp}=\mathrm{d}E\sin\theta$$

$$E_{\perp}=\int\mathrm{d}E_{\perp}=0$$

因此，总电场强度

$$E=\frac{Qx}{4\pi\varepsilon_0(x^2+R^2)^{3/2}}$$

电场强度方向沿着轴线向外。

思路二：基本电荷单元的矢量叠加。

根据例5.3知，成对的点电荷中垂线上的电场强度大小为

$$E=\frac{qx}{4\pi\varepsilon_0(x^2+R^2)^{3/2}}$$

方向沿着轴线向外（正电荷）。

在本题中，均匀带电圆环可视为由成对的点电荷构成的基本电荷单元组成，基本电荷单元指圆环上以圆心为对称中心的两个点电荷，总电量为$2\mathrm{d}q$，其在轴线上的电场强度可表示为

$$\mathrm{d}E=\frac{x\mathrm{d}q}{2\pi\varepsilon_0(x^2+R^2)^{3/2}}$$

电场强度方向均在轴线上。

由于所有电场强度 $\mathrm{d}E$ 具有相同的方向，因此，总电场强度为

$$\begin{aligned}E&=\int\mathrm{d}E\\&=\int_0^{q/2}\frac{x\mathrm{d}q}{2\pi\varepsilon_0(x^2+R^2)^{3/2}}\\&=\frac{x}{2\pi\varepsilon_0(x^2+R^2)^{3/2}}\int_0^{q/2}\mathrm{d}q\\&=\frac{Qx}{2\pi\varepsilon_0(x^2+R^2)^{3/2}}\end{aligned}$$

讨论

（1）当场点到场源的距离远远大于带电体本身线度时，即$x\gg R$时，则$(x^2+R^2)^{3/2}\approx x^3$，于是带电圆环轴线上的电场强度可进一步化简

$$E=\frac{Q}{4\pi\varepsilon_0x^2}$$

从带电圆环轴线上的电场强度可以看到，当$x\gg R$时，电场强度分布具有与电量成正正比、与距离的平方成反比的规律，这与点电荷的电场强度分布类似。

（2）通常情况下，电场强度的叠加原理的表述为：总电场强度等于各点电荷的电场强度的矢量叠加。通过例5.5的计算可以发现，电场强度的叠加原理可以进一步一拓展为：总电场强度等于各单元电荷电场强度的矢量叠加，其中，单元电荷是指点电荷及由点电荷构成的其他形状的带电单元。

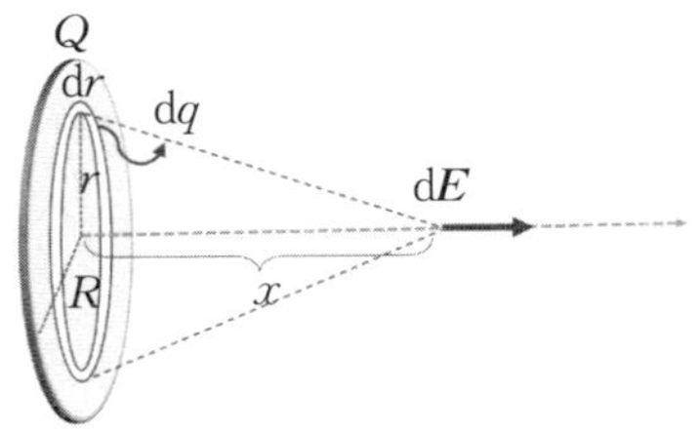

图5.2.6　例5.6用图

例5.6（均匀带电薄圆盘轴线上的电场强度） 如图5.2.6所示，均匀带电薄圆盘的电荷面密度（单位面积所带电量）为 σ 、电量为 Q 、半径为 R ，试求其中垂线上任意一点处的电场强度。

解 如图5.2.6所示，以圆盘中心为坐标原点，圆盘轴线为坐标轴建立坐标。将圆盘视为由半径不同的同心圆环组成。任意一圆环所带的电量为

$$\mathrm{d}q=\sigma 2\pi r\,\mathrm{d}r$$

任意一圆环上的电场强度为

$$\begin{aligned}\mathrm{d}E&=\frac{x\mathrm{d}q}{4\pi\varepsilon_0(x^2+r^2)^{3/2}}\\&=\frac{\sigma 2\pi r x}{4\pi\varepsilon_0(x^2+r^2)^{3/2}}\,\mathrm{d}r\end{aligned}$$

方向为 x 轴正向（负半轴负向）。

根据电场强度的叠加原理：总电场强度等于各单元电荷电场强度的矢量叠加，得

$$\begin{aligned}E&=\int\mathrm{d}E\\&=\frac{\sigma x}{2\varepsilon_0}\int_0^R\frac{r}{(x^2+r^2)^{3/2}}\mathrm{d}r\\&=\frac{\sigma x}{2\varepsilon_0}\left[\frac{-1}{(x^2+r^2)^{1/2}}\right]_0^R\\&=\frac{\sigma}{2E}\left(1-\frac{x}{\sqrt{x^2+R^2}}\right)\end{aligned}$$

方向为 x 轴正向（负半轴负向）。

讨论

（1）无限大带电平板的电场强度。

当中轴线上的场点到坐标原点的距离非常小时，圆盘在该点处激发的电场强度类似于无限大平板激发的电场。据此，可获得无限大带电平板的电场强度。

由于到坐标原点的距离非常小的场点满足 $x\ll R$ ，此时

$$\frac{x}{\sqrt{x^2+R^2}}\approx 0$$

代入带电薄圆盘电场强度公式

$$E=\frac{\sigma}{2E}\left(1-\frac{x}{\sqrt{x^2+R^2}}\right)$$

中，可得无限大带电平板的电场强度为

$$E=\frac{\sigma}{2\varepsilon_0}$$

方向垂直于板面。

（2）无限远处的电场。

当中轴线上的场点到坐标原点的距离非常大时，可以验证圆盘在该点处激发的电场强度类似于点电荷激发的电场。

总结

本小节介绍了电场强度的定义、电场强度的叠加原理，并将其具体应用于计算点电荷、离散的点电荷及连续带电体的电场强度。通过本小节的讨论，我们可以深化对点电荷、电场强度的叠加原理等重要概念的认识。

第一，点电荷是指形状、大小可以忽略的带电体，也可以说是没有形状、大小，只带电的点。通常情况下，我们认为，只要满足场点到场源的距离远远大于带电体本身的尺寸，则可以将该带电体视为点电荷。通过上述讨论，我们发现，对于带有同种电荷的点电荷系来说，这一结论无疑是正确的。然而，从电偶极子的例子可以看到，当点电荷系所带的电量不是由同一种电荷组成时，尽管场点到场源的距离足够远，但其电场强度分布却不满足点电荷的电场强度分布特性，即带异号电荷的带电系统不能被视为点电荷。

第二，采用叠加原理求解点电荷系的电场强度的具体步骤：①根据问题引入（直角）坐标系；②根据点电荷的分布，画出每一个点电荷在场点处的电场强度分布，如果是连续分布的带电体，则需要将带电体视为点电荷系并在其中选取1～2个点电荷进行分解；③将电场强度分解在各个坐标分量之上，并根据分解结果写出各个方向上的电场强度表达式；④对坐标分量上的电场强度进行求和；⑤将各个坐标分量上的电场强度进行合成，得到总电场强度。

第三，可将电场强度的叠加原理进一步拓展为：总电场强度等于各个单元电荷电场强度的矢量叠加，其中，单元电荷是指点电荷及由点电荷构成的其他形状的带电单元。这更有利于我们理解和应用电场强度叠加原理。

5.3 静电场的高斯定理

为了形象地描述电场在空间中的分布，引入了电场线的概念。这些曲线可以形象地描绘出电场在空间中的分布情况：曲线的疏密程度代表电场的强弱，曲线切线方向代表电场的方向。在以前的学习中，我们已经知道，静电场的电场线起源于正电荷而终止于负电荷；静电场的电场线不闭合，也不在无电荷处发生中断；任意两条电场线不会发生相互交叠的现象。电场线是根据电场在带电体周围的空间中的分布特性而引入的一系列假想的曲线。本小节将从电场线的视角来讨论电场的特性。

5.3.1 电场线密度

从电场线的视角来看，空间分布电场的强弱与电场线分布的疏密程度一一对应。电场线的疏密程度可以采用电场线密度来量化描述。电场线密度的定义：垂直穿过单位面积的电力线条数，以 ϕ_e 表示，即

$$\phi_e = \frac{\mathrm{d}N}{\mathrm{d}S_\perp}$$

显然，空间某点处电场线密度大，则该点的电场强，反之电场弱。为了能够用电场线对电场进行定量讨论，特将电场线密度和电场强度的概念进一步联系起来，令某点处的电场线密度与该点处的电场强度相等，即

$$\phi_e = \frac{\mathrm{d}N}{\mathrm{d}S_\perp} = E$$

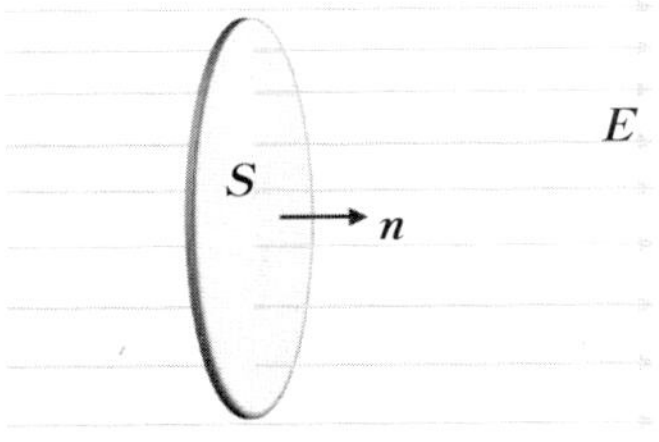

图5.3.1 匀强电场中平面的电通量

5.3.2 电通量

电通量是指穿过某一面 S 上的电场线的条数，通常用 Ψ_e 来表示。如图5.3.1所示，基于电场线密度的概念，可以获得匀强电场 $\boldsymbol{E}$ 穿过某个平面 S 的电通量 Ψ_e 的表示式为

$$\Psi_e = \boldsymbol{E} \cdot \boldsymbol{S} \tag{5.3.1}$$

式中，$\boldsymbol{E}$ 表示面 $\boldsymbol{S}$ 上任意一点处的电场强度，$\boldsymbol{S}$ 表示面积矢量，其方向为 $\boldsymbol{S}$ 的法线方向。

非匀强电场 $\boldsymbol{E}$ 穿过任意曲面 S 的电通量 Ψ_e 则需要用积分表示。如图5.3.2所示，当非匀强电场穿过某一曲面 S 时，可以将曲面划分为无数微平面 $\mathrm{d}S$，这样，任意一个从平面上穿过的电场均可视为匀强电场，微平面上的电通量 $\mathrm{d}\Psi_e$ 可以表示为

$$\mathrm{d}\Psi_e = \boldsymbol{E} \cdot \mathrm{d}\boldsymbol{S}$$

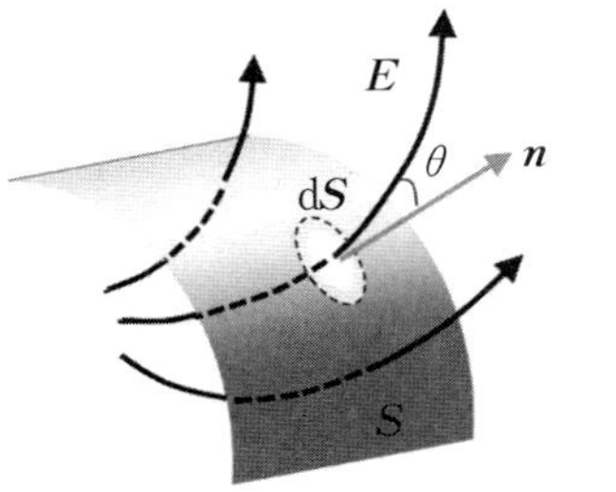

图5.3.2 任意曲面上的电通量

因此，曲面上的总电通量等于该曲面上每一个微平面 $\mathrm{d}\Psi_e$

的电通量的总和，即

$$\Psi_e=\iint_S \boldsymbol{E}\cdot d\boldsymbol{S} \tag{5.3.2}$$

式中，$\boldsymbol{E}$ 表示面 $\boldsymbol{S}$ 上任意一点处的电场强度，$\boldsymbol{S}$ 和 $d\boldsymbol{S}$ 表示面积矢量，其方向分别为 $\boldsymbol{S}$ 和 $d\boldsymbol{S}$ 的法线方向。

例5.7(**封闭球面的电通量Ⅰ**)　如图5.3.3所示，匀强电场从封闭球面外穿过一半径为R的封闭球面，求封闭球面上的电通量。

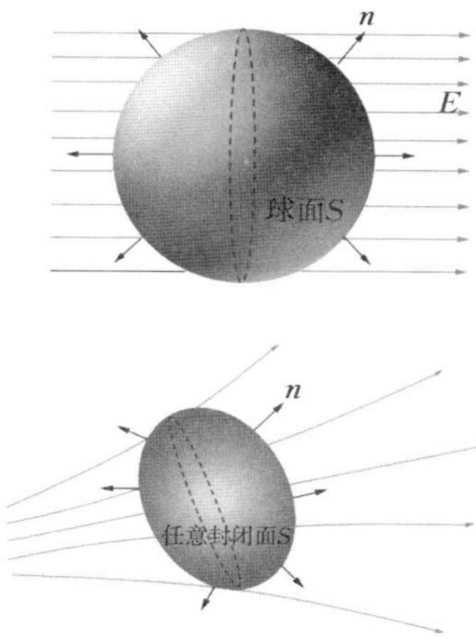

图5.3.3　例5.7用图

解　选择封闭球面的外法向矢量 $\boldsymbol{n}$ 为正，为了更好地说明穿过封闭曲面上的电通量，假设球面半径为R，并将封闭球面分为左半球和右半球。如图5.3.3所示，左半球和右半球上的电通量都与半径为R的半圆面上的电通量相等，根据电通量的定义

$$\Psi_e=\iint_S \boldsymbol{E}\cdot d\boldsymbol{S}=\iint_S E\cos\theta dS$$

对于半圆面而言，θ 处处为零

$$\Psi_{e圆}=\iint_{S圆}\boldsymbol{E}\cdot d\boldsymbol{S}=E\iint_{S圆} dS=E\pi R^2$$

对于左半球而言，$90°\leqslant\theta\leqslant180°$

$$\Psi_{e左}=\iint_{S球左}E\cos\theta dS=-E\pi R^2$$

对于右半球而言，$0°\leqslant\theta\leqslant90°$

$$\Psi_{e右}=\iint_{S球右}E\cos\theta dS=E\pi R^2$$

因此，穿过封闭球面上的电通量

$$\Psi_e=\oiint_S \boldsymbol{E}\cdot d\boldsymbol{S}=\Psi_{e左}+\Psi_{e右}=0$$

容易进一步证明：当电场线为非匀强电场，封闭面为一任意曲面时，上述结论仍然成立，即当电场线从封闭曲面外面穿过封闭球面时，封闭曲面的电通量 Ψ_e 一定为零。电场线从封闭曲面外面穿过封闭曲面的情况与场源电荷位于封闭曲面之外的物理图像相对应，因此，上述结论也可以表述为：封闭曲面外的电荷对封闭曲面上的电通量无任何贡献。

$$\Psi_e=\oiint_S \boldsymbol{E}_{外}\cdot d\boldsymbol{S}=0$$

式中，$\boldsymbol{E}_{外}$ 为位于封闭曲面外的电荷在球面上任意一点处激发的电场。

例5.8（**封闭球面的电通量Ⅱ**）　如图5.3.4所示，在一半径为R的封闭球面中心处，放置一电量为q的点电荷，求在点电荷激发的电场穿过封闭球面的电通量 Ψ_e 。

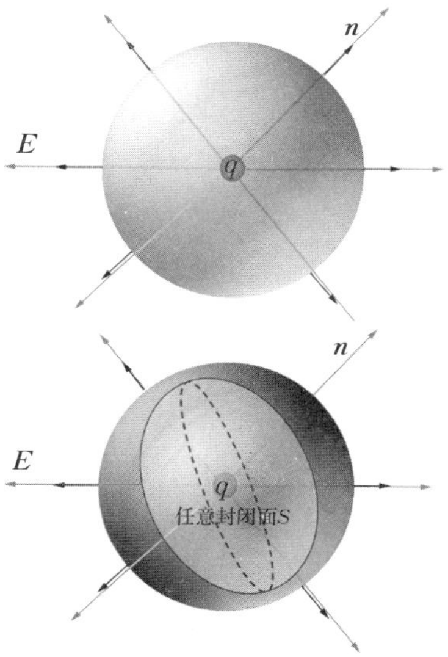

图5.3.4　例5.8用图

解　选择封闭球面的外法向矢量 $\boldsymbol{n}$ 为正，由于点电荷q位于封闭球面中心，则它在封闭曲面上任意一点处激发的电场强度大小处处相等，符合点电荷的电场强度计算公式：

$$\boldsymbol{E}=\frac{q}{4\pi\varepsilon_0 r^2}\boldsymbol{r}_0$$

其电场强度方向与封闭曲面的法线方向处处夹角为零，即

$$\langle \boldsymbol{r}_0, \boldsymbol{n} \rangle = 0$$

所以穿过封闭球面上的电通量可表示为

$$\begin{aligned}\Psi_e &= \oint\!\!\!\oint_S \boldsymbol{E}\cdot \mathrm{d}\boldsymbol{S} \\ &= \frac{q}{4\pi\varepsilon_0 r^2}\cdot 4\pi r^2 \\ &= \frac{q}{\varepsilon_0}\end{aligned}$$

同理，当点电荷所带的电量为负时，穿过封闭曲面上的电通量

$$\begin{aligned}\Psi_e &= \oint\!\!\!\oint_S \boldsymbol{E}\cdot \mathrm{d}\boldsymbol{S} \\ &= -\frac{q}{4\pi\varepsilon_0 r^2}\cdot 4\pi r^2 \\ &= -\frac{q}{\varepsilon_0}\end{aligned}$$

上述计算结果表明，当点电荷位于球面中心时，穿过封闭曲面上的电通量与球面半径无关，只与点电荷的电量有关。因此，对于以电量为 q 的点电荷为中心、半径分别为 R_1 和 R_2 的不同的同心球面 S_1 和 S_2 而言，电通量相等，即

S_1： $$\Psi_{e1}=\frac{q}{\varepsilon_0}$$

S_2： $$\Psi_{e2}=\frac{q}{\varepsilon_0}$$

假设在同心球面 S_1 和 S_2 之间放置一任意曲面 S，显然，穿过任意曲面 S 上的电通量与 S_1 和 S_2 面上的电通量相等，即

S： $$\Psi_e=\oint\!\!\!\oint_S \boldsymbol{E}_{内}\cdot \mathrm{d}\boldsymbol{S}=\frac{q_{内}}{\varepsilon_0}$$

式中，$\boldsymbol{E}_{内}$ 为位于封闭曲面内的电荷在球面上任意一点激发的电场，$q_{内}$ 为包围在封闭曲面内的电荷电量。

可见，当带电体位于封闭曲面内部时，穿过封闭曲面上的电通量只与被包围在曲面内的电量有关。

5.3.3 高斯定理及其应用

1. 高斯定理

根据5.3.2节的讨论知，任意封闭曲面的电通量与穿过自身的电场线有关，即与点电荷在任意封闭曲面上激发的电场有

关。而对于在任意封闭曲面上激发电场的点电荷相对于封闭曲面的位置只有两种情况，即点电荷位于任意封闭曲面内或者位于任意封闭曲面外。对于点电荷位于封闭曲面内的情况，例5.7的计算结果表明，任意封闭曲面上的电通量一定为零；而对于点电荷位于任意封闭曲面外的情况，例5.8的计算结果表明，任意封闭曲面上的电通量等于面内电荷的电量 $q_{内}$ 除以真空电容率 ε_0 。

当多个点电荷或任意带电体在任意封闭曲面上激发电场时，上述结论仍然成立。事实上，多个点电荷或任意带电体均可视为点电荷系。对于位于任意封闭曲面外的点电荷系而言，其激发的电场穿过封闭曲面的电通量为零，即

$$\Psi_e = \oint\!\!\oint_S \boldsymbol{E}_{外} \cdot \mathrm{d}\boldsymbol{S} = 0$$

对于位于任意封闭曲面外的点电荷系而言，其激发的电场穿过封闭曲面的电通量等于曲面内电荷电量代数和 $Q_{内}$ 除以真空电容率 ε_0 ，即

$$\Psi_e = \oint\!\!\oint_S \boldsymbol{E}_{内} \cdot \mathrm{d}\boldsymbol{S} = \frac{Q_{内}}{\varepsilon_0}$$

可以看到，任意封闭曲面内、外的点电荷系都会在封闭曲面上的任意一点激发电场，尽管如此，穿过任意封闭曲面的电通量之和仍与曲面内点电荷系有关，且等于曲面内电荷电量代数和除以真空电容率，用数学公式表示为

$$\Psi_e = \oint\!\!\oint_S \boldsymbol{E} \cdot \mathrm{d}\boldsymbol{S} = \frac{Q_{内}}{\varepsilon_0}$$

式中， $\boldsymbol{E} = \boldsymbol{E}_{内} + \boldsymbol{E}_{外}$ ，为曲面内点电荷系和曲面外点电荷系在任意封闭曲面上任意一点所激发的电场， $Q_{内}$ 为曲面内的电荷电量代数和。在真空中，穿过任意封闭曲面 S 的电通量 Ψ_e 等于被包围在曲面内的曲电量代数和 $Q_{内}$ 除以真空介电常数 ε_0 ，这一结论称为**高斯定理**。高斯定理中描述的任意封闭曲面 S 通常称为高斯面。高斯定理表明：静电场是有源场。

值得一提的是，在高斯定理的数学表达式中，等式左边的 $\boldsymbol{E}$ 表示高斯面上任意一点的电场强度，它等于面内、面外电荷激发的总电场，而等式右侧的 $Q_{内}$ 则表示被包围在高斯面内的电荷电量代数和。这意味着，等式两边所涉及的电荷是不对称的，正是这种不对称的形式，使得高斯定理能够便捷地用于电场强度的计算。

2. 高斯定理的应用

例 5.9（**均匀带电球球面内、外的电场强度**） 设均匀带电体的带电量为Q、球面半径为R，求球面内外任意一点的电场强度。

解 为了构建合适的高斯面，先对球面内、外的电场分布情况进行分析。

（1）球面外电场强度。

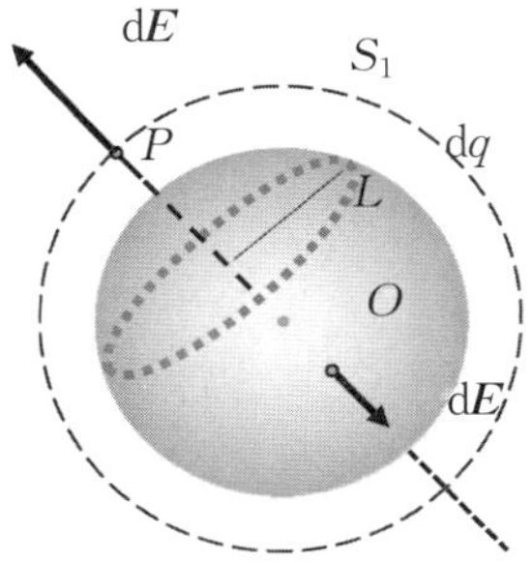

图5.3.5 例5.9用图

①分析对称性。如图5.3.5所示，球面外距球面中心O点距离为r（$r>R$）的任意一点P处，电场强度可视为由无数个半径为L（$0<L\leqslant R$）的微圆环的电场强度叠加而成，每个微圆环的电量为$\mathrm{d}q$。容易看到，由于球面的旋转对称性，对于以O点为中心、r为半径的整个球面上任意一点P，电场强度的大小处处相等，方向沿着半径向外。

②构建高斯面。根据对称性分析结果，我们以O点为中心、r为半径构建一同心球面，包围带电球面。

③应用高斯定理计算电场强度。根据高斯定理，有

$$\Psi_e=\oiint_S \boldsymbol{E}\cdot\mathrm{d}\boldsymbol{S}=\frac{Q_{内}}{\varepsilon_0}$$

由于高斯面上电场强度的大小处处相等，方向与高斯面的法线方向的夹角处处为零，高斯定理的表达式可进一步化简为

$$\Psi_e=\oiint_S \boldsymbol{E}\cdot\mathrm{d}\boldsymbol{S}=E4\pi r^2=\frac{Q}{\varepsilon_0}$$

因此

$$E=\frac{Q}{4\pi\varepsilon_0 r^2}$$

（2）球面内电场强度。

同理分析，球面内任意一点电场强度处处为零。

讨论

通过例5.9的计算过程可以看到，采用高斯定理计算电场强度的基本前提是带电体或其激发的电场具有对称性。

根据例5.9的计算，我们可以总结出用高斯定理求电场强度的步骤：①对带电体所激发的电场的对称性进行分析，确定电场强度的大小和方向特征；②根据对称性分析结果，结合所求电场的位置构建高斯面，并写出高斯定理表达式；③应用高斯定理，计算电场强度。

例 5.10（**无限大均匀带电平面的电场强度**）　如图5.3.6所示，假设均匀带电的无限大薄平面的电荷面密度（单位面积所带的电量）为σ，用高斯定理求平面外任意一点的电场强度。

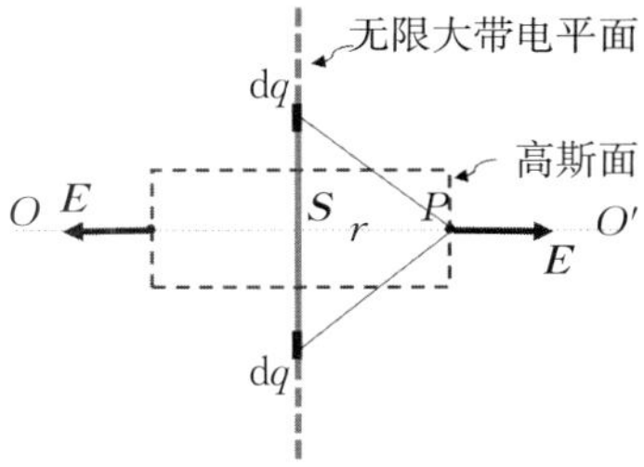

图5.3.6　例5.10用图

解　为了构建合适的高斯面，先对平面两侧的电场分布情况进行分析。

①分析对称性。由图5.3.6可见，对于平面外距平面距离为r的任意一点P处，其电场强度可视为由带电量为$\mathrm{d}q$的无限长直带电线在该点的电场强度叠加而成。以OO'为参考，P点的电场强度则由OO'两侧对称分布的无限长直带电细棒的电场强度叠加而成，P点处的电场强度与带电平面垂直。更为重要的是，无论P点选在何处，由于带电平面无限大，P点的电场强度总可以被视为由对称分布的无限长直带电细棒的电场强度叠加而成。因此，到带电平面距离相等的点电场强度的大小处处相等。

②构建高斯面，写出高斯定理表达式。基于上述分析，构建如图5.3.6所示的圆柱形高斯面。高斯定理表达式为

$$\Psi_e=\oint\!\!\oint_S \boldsymbol{E}\cdot\mathrm{d}\boldsymbol{S}=\frac{Q_{内}}{\varepsilon_0}$$

③应用高斯定理计算电场强度。根据本题的具体情况，穿过高斯面上的电通量可视为穿过圆柱面上的电通量。假设高斯面的底面面积为S，则有

$$\Psi_e=\Psi_{e侧面}+2\Psi_{e底面}=\frac{\sigma S}{\varepsilon_0}$$

由于侧面法线方向与电场线方向的夹角处处垂直，底面法线方向与电场线方向的夹角处处为零，因此

$$\Psi_{e侧面}=0$$

$$\Psi_{e底面}=ES$$

因此

$$\Psi_e=2\Psi_{e底面}=2ES=\frac{\sigma S}{\varepsilon_0}$$

即

$$E=\frac{\sigma}{2\varepsilon_0}$$

可见，无限大平板的电场强度处处相等，为匀强电场。

5.4　电场的环路定理、电势

电场对放入其中的电荷会产生力的作用，当在电场中移动电荷时，需要克服电场力做功。在前面的小节中，我们从力的角度引入了电场强度这一物理量来描述静电场。在本节中，我们将从功的角度来探索电场的性质。

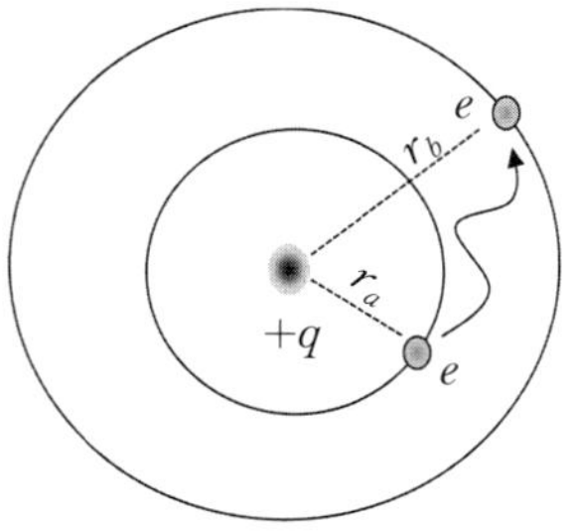

图5.4.1　例5.11用图

5.4.1　静电场力的功、环路定理

例 5.11　如图5.4.1所示，在带电量为q的原子核（点电荷）的电场中，电子从半径为r_a的轨道a点沿着任意路径运动到了半径为r_b的轨道b点，试求这一过程电场力所做的功。

解　根据题意，电子在运动的过程中受到原子核的库仑力作用。在整个运动过程中，电子所受的力的方向始终指向原子核，因此，电子所受的库仑力属于径向力，其方向始终在电荷连线方向上并指向原子核。

因电子所受的库仑力属于径向力，因此，根据功的定义

$$
\begin{aligned}
W &= \int_a^b \boldsymbol{F}\cdot \mathrm{d}\boldsymbol{l} \\
&= \int_{r_a}^{r_b} eE\,\mathrm{d}r \\
&= \int_{r_a}^{r_b} \frac{eq}{4\pi\varepsilon_0 r^2}\mathrm{d}r \\
&= \frac{eq}{4\pi\varepsilon_0}\left(\frac{1}{r_a}-\frac{1}{r_b}\right)
\end{aligned}
$$

故电场力所做的功为$\dfrac{eq}{4\pi\varepsilon_0}\left(\dfrac{1}{r_a}-\dfrac{1}{r_b}\right)$。

讨论

从例5.11计算结果可以看到，电场力所做的功与e、q、r_a和r_b有关。在电荷电量给定的情况下（eq为固定值），电场力对移动电荷e所做的功只与移动电荷的始末状态（r_a和r_b）有关，而与其经过的实际路径无关，这一结果表明，静电场力是保守力。

我们知道，保守力沿着任意闭合路径所做的功为零。显然，上述结论除了对电子e成立，对其他的电荷q_0也是成立的。因此，静电场力对任意电荷q_0所做的功可以描述为

$$\oint q_0 \boldsymbol{E}\cdot \mathrm{d}\boldsymbol{l} = 0$$

即在静电场中，电场力沿着任意闭合回路移动一周所做的功等于零。

在上式中，q_0不等于零，因此可进一步获得

$$\oint q_0 \boldsymbol{E}\cdot \mathrm{d}\boldsymbol{l} = q_0 \oint \boldsymbol{E}\cdot \mathrm{d}\boldsymbol{l} = 0$$

即

$$\oint \boldsymbol{E}\cdot \mathrm{d}\boldsymbol{l} = 0$$

上式表明：电场强度沿闭合路径的线积分（电场强度的环流）等于零，这一结论叫作静电场的环路定理。环路定理表明：静电场的线积分与路径的形状无关，静电场是一个无旋场。

5.4.2　电势

1. **电势能**

在前面的学习中，我们知道，保守力所做的功等于势能增量的负值。静电场力是保守力，这意味着位于静电场中的检验电荷 q_0 具有电势能 E_p 。假设在静电场 $\boldsymbol{E}$ 的空间中 a 点和 b 点放入检验电荷 q_0 ，则 q_0 和静电场 $\boldsymbol{E}$ 构成的系统在 a 点和 b 点所具有的电势能分别为 E_{pa} 和 E_{pb} ，则有

$$\int_a^b q_0\boldsymbol{E}\cdot\mathrm{d}\boldsymbol{l}=E_{pa}-E_{pb}$$

静电场力所做的功等于电势能增量的负值。电势能是空间位置的状态函数，反映的是静电场力做功的本领。在上式中，势能之差 $E_{pa}-E_{pb}$ 可以理解为 q_0 在静电场 $\boldsymbol{E}$ 中的 a 点所具有的电势能。a 点的电势能是将 b 点作为参考得来的，显然，当参考点的位置发生变化时，a 点的电势能也将随之发生变化。因此，电势能只具有相对意义。

当我们选择 b 点作为参考时， q_0 在 a 点的电势能 E_{pab} 为

$$E_{pab}=E_{pa}-E_{pb}=\int_a^b q_0\boldsymbol{E}\cdot\mathrm{d}\boldsymbol{l}$$

即在 a 点相对于 b 点的电势能 E_{pab} 等于 q_0 从 a 点移动到 b 点时，静电场力所做的功。

通常我们会选择某一个电势能为零的点 $p(0)$ 作为参考来对 a 点的电势能进行评价。此时，由于

$$E_{pp(0)}=0$$

则 a 点的电势能

$$E_{pa}=\int_a^{p(0)} q_0\boldsymbol{E}\cdot\mathrm{d}\boldsymbol{l}$$

即 q_0 在静电场 a 所具有的电势能 E_{pa} 等于 q_0 从 a 点移动到零电势能点 $p(0)$ 时，静电场力所做的功。

可以看到，电势能是由检验电荷 q_0 和 q_0 所在的静电场 $\boldsymbol{E}$ 组成的系统所具有的能量；和其他势能一样，电势能与零电势能点的选取有关，因此它只具有相对意义；电场力所做的功等于电势能增量的负值，这意味着电场力做正功，则电势能减小，反之电势能增大；电势能的结果除了与零电势能点的选取有关，与检验电荷的电性有关，检验电荷取不同的电性，则获得的电势能反号。总之，电势能反映了电场力的做功本领，但其结果不仅仅与电场本身有关，还与放入其中的检验电荷有关，所以它不适合用于描述电场本身的性质。

2. **电势**

我们注意到，在电势能公式

$$E_{pa}=\int_{a}^{p(0)} q_0 \boldsymbol{E}\cdot d\boldsymbol{l}$$

中，q_0 是一个不为零的常数（$q_0 \neq 0$），因此可以将其提到积分符号外面

$$E_{pa}=q_0\int_{a}^{p(0)} \boldsymbol{E}\cdot d\boldsymbol{l}$$

等式两边同时除以 q_0，得

$$\frac{E_{pa}}{q_0}=\int_{a}^{p(0)} \boldsymbol{E}\cdot d\boldsymbol{l}$$

从上式可以看到，比值 $\frac{E_{pa}}{q_0}$ 是一个只与电场 $\boldsymbol{E}$ 有关，而与 q_0 无关的数值。因此，我们可以用这一比值来对电场进行描述。

基于上述讨论，引入电势的概念：电荷在电场中某一点的电势能与它的电荷量之比，叫作电场在这一点的电势，用数学式表示为

$$U_a=\frac{E_{pa}}{q_0}=\int_{a}^{p(0)} \boldsymbol{E}\cdot d\boldsymbol{l}$$

式中，U_a 为 a 点电势，单位为伏特（V），$p(0)$ 表示零电势能点。上式表明：电场中任意一点 a 的电势等于单位正电荷位于该点所具有的电势能；或者单位正电荷从该点移到零电势能点静电力对它所做的功。显然，电势是从能量的角度或者做功的角度对电场的性质进行描述的，电势越大，电场和放入其中的电荷构成的系统所具有的电势能就越大，电场对放入其中的电荷的做功本领就越强。

值得注意的是，电势与零电势能点的选取有关。根据电势的定义式，当选择不同的位置作为零电势能点时，同一场点具有不同的电势值，即电场中某点的电势与零电势能点的选取有关。电势只有相对意义，无绝对意义。

3. **电势差**

电势通常也可以用任意两点之间电势的差来描述。电场中任意两点之间电势的差值称为电势差用 U 表示，a、b 两点的电势差为

$$U_{ab}=U_a-U_b=\int_{a}^{p(0)} \boldsymbol{E}\cdot d\boldsymbol{l}-\int_{b}^{p(0)} \boldsymbol{E}\cdot d\boldsymbol{l}=\int_{a}^{b} \boldsymbol{E}\cdot d\boldsymbol{l}$$

式中，U_a 和 U_b 分别表示为 a 点和 b 点的电势，$p(0)$ 表示零电势能点。上式表明：两点之间的电势差与它们的零电势能点的选取无关。

实际上，电势差 U_a-U_b 可以理解为以 b 点作为参考点时 a 点所具有的电势，即 a 点相对于 b 点的电势等于 a 点到 b 点对电场强度 $\boldsymbol{E}$ 的积分，即

$$U_a-U_b=\int_{a}^{b} \boldsymbol{E}\cdot d\boldsymbol{l}$$

5.4.3　电势的计算

我们知道，电场在空间的分布与带电体的形状有关。接下来，我们计算不同形状带电体的电势分布，并从能量和功的角度讨论电场的分布特性。

1. **点电荷的电势**

例 5.12　如图5.4.2所示，场源正点电荷的带电量为q，试求电场在与场源点电荷的距离为r的a点所具有的电势。

解　选取无穷远处为零电势能点，根据电势的定义，a点的电势为

$$U_{a\infty}=\int_a^{\infty}\boldsymbol{E}\cdot\mathrm{d}\boldsymbol{l}$$

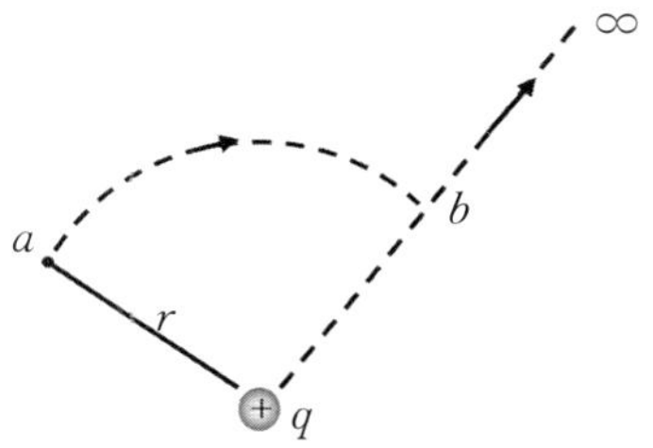

图5.4.2　例5.12用图

根据静电场的环路定理，电场强度的积分与路径无关，选择积分路径从$a\to b\to\infty$：

$$\begin{aligned}U_{a\infty}&=\int_a^{b}\boldsymbol{E}\cdot\mathrm{d}\boldsymbol{l}+\int_b^{\infty}\boldsymbol{E}\cdot\mathrm{d}\boldsymbol{l}\\&=0+\int_r^{\infty}E\mathrm{d}r\\&=\int_r^{\infty}\frac{q}{4\pi\varepsilon_0 r^2}\mathrm{d}r\\&=\frac{q}{4\pi\varepsilon_0 r}\end{aligned}$$

选取无穷远处为零电势能点时，a点的电势为$\dfrac{q}{4\pi\varepsilon_0 r}$。

讨论

选取无穷远处为零电势能点时，a点的电势为$\dfrac{q}{4\pi\varepsilon_0 r}$。

值得注意的是，电势值与零电势能点的选取有关，当选择不同的零电势能点时，电势值会发生变化。假设存在一点c，到场源的距离为d，选择c点作为零电势能点时，重新计算a点的电势，则有

$$U_{ac}=\int_a^{c}\boldsymbol{E}\cdot\mathrm{d}\boldsymbol{l}$$

由于电场强度的积分与路径无关，选择积分路径$a\to\infty\to c$，则有

$$\begin{aligned}U_{ac}&=\int_a^{\infty}\boldsymbol{E}\cdot\mathrm{d}\boldsymbol{l}+\int_{\infty}^{c}\boldsymbol{E}\cdot\mathrm{d}\boldsymbol{l}\\&=\int_a^{\infty}\boldsymbol{E}\cdot\mathrm{d}\boldsymbol{l}-\int_c^{\infty}\boldsymbol{E}\cdot\mathrm{d}\boldsymbol{l}\\&=U_{a\infty}-U_{c\infty}\end{aligned}$$

运用点电荷的电势公式，可得

$$U_{ac}=\frac{q}{4\pi\varepsilon_0 r}-\frac{q}{4\pi\varepsilon_0 d}$$

电势值与零电势能点的选取有关，当选择不同的零电势能点时，电势值会发生变化，然而以无穷远处为零电势能点的点电荷的电势公式仍然具有非常重要的参考价值，在后面的学习中可以看到，它是电势叠加法的基础。

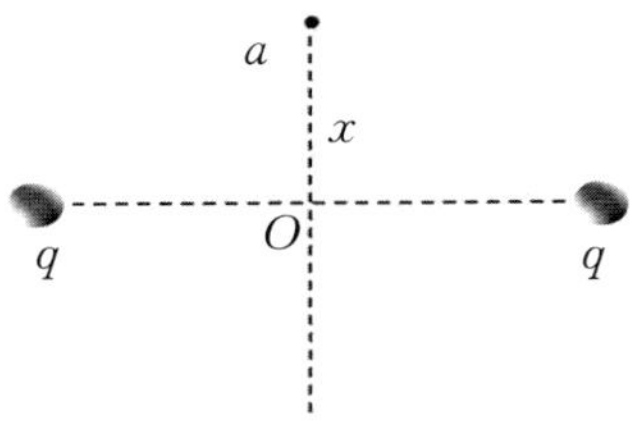

图5.4.3　例5.13用图

2. **电势的叠加原理**

例5.13（成对点电荷的电势）　如图5.4.3所示为由电量分别为 q_1 和 q_2、相距 $2d$ 的两个同号点电荷组成的点电荷系。试求其中垂线上任意一点的电势，并讨论中垂线上的电势分布情况。

分析　根据电势的定义，选择无穷远处为零电势能点，则中垂线上任意一点 a 的电势值可表示为

$$U_{a\infty}=\int_a^{\infty}\boldsymbol{E}\cdot\mathrm{d}\boldsymbol{l}$$

根据电场强度的叠加原理，任意一点的总电场强度等于每个点电荷在该点电场强度的叠加，即

$$\boldsymbol{E}=\boldsymbol{E}_1+\boldsymbol{E}_2$$

因此，电势的表达式可化简为

$$\begin{aligned}U_{a\infty}&=\int_a^{\infty}\boldsymbol{E}\cdot\mathrm{d}\boldsymbol{l}\\&=\int_a^{\infty}(\boldsymbol{E}_1+\boldsymbol{E}_2)\cdot\mathrm{d}\boldsymbol{l}\\&=\int_a^{\infty}\boldsymbol{E}_1\cdot\mathrm{d}\boldsymbol{l}+\int_a^{\infty}\boldsymbol{E}_2\cdot\mathrm{d}\boldsymbol{l}\\&=U_{1a\infty}+U_{2a\infty}\end{aligned}$$

以上结果表明：对于两个点电荷组成的点电荷系而言，其在电场中任意一点处的总电势等于每一个点电荷在该点处的电势的代数和。不难证明，对于两个或两个以上的点电荷组成的电荷系统，以上结论仍然成立。这一结论通常称为电势的叠加原理，即电场中任意一点的总电势等于每一个点电荷在该点的电势的代数和。

对于电荷离散分布的点电荷系，电势叠加原理可表示为

$$U_a=\sum_{i=1}^{n}U_{ia}$$

对于电荷连续分布的点电荷系，电势叠加原理可表示为

$$U_a=\int\mathrm{d}U$$

其中，$\mathrm{d}U$ 表示元电荷 $\mathrm{d}q$ 所具有的电势。

解　根据电势的叠加原理，中垂线上任意一点的电势为

$$U_{a\infty}=U_{1a\infty}+U_{2a\infty}$$
$$=\frac{q_1}{4\pi\varepsilon_0 r}+\frac{q_2}{4\pi\varepsilon_0 r}$$
$$=\frac{(q_1+q_2)}{4\pi\varepsilon_0(x^2+d^2)^{1/2}}$$

在坐标原点x=0处，电势为

$$U_{a\infty}=\frac{(q_1+q_2)}{4\pi\varepsilon_0 d}$$

例5.14（**电偶极子的电势**） 如图5.4.4所示，电偶极子相距$2d$，求电偶极子延长线上任意一点a的电势。

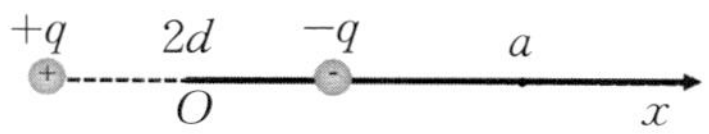

图5.4.4 例5.14用图

解 如图5.4.4所示，取电偶极子的中点为原点建立x坐标。根据电势的叠加原理，电偶极子延长线上任意一点处的电势为

$$U_{a\infty}=U_{+a\infty}+U_{-a\infty}$$
$$=\frac{q}{4\pi\varepsilon_0(x+d)}-\frac{q}{4\pi\varepsilon_0(x-d)}$$
$$=\frac{q(x-d-x-d)}{4\pi\varepsilon_0(x^2-d^2)}$$
$$=\frac{-2qd}{4\pi\varepsilon_0(x^2-d^2)}$$

讨论

（1）在坐标原点$x=0$处，电势为

$$U_{0\infty}=\frac{2q}{4\pi\varepsilon_0 d}$$

（2）在$x=2d$处，电势为

$$U_{a\infty}=\frac{-2qd}{4\pi\varepsilon_0(x^2-d^2)}$$
$$=\frac{-q}{6\pi\varepsilon_0 d}$$

（3）以坐标原点为参考，$x=2d$处的电势为

$$U_{a0}=U_{a\infty}-U_{0\infty}$$
$$=-\frac{q}{6\pi\varepsilon_0 d}-\frac{3q}{6\pi\varepsilon_0 d}$$
$$=-\frac{2q}{3\pi\varepsilon_0 d}$$

3. **电荷连续分布的带电体的电势**

对于电荷连续分布的点电荷系，同样可以采用叠加原理计算其电势，此时，叠加原理可描述为：带电体在某点所具有的

电势等于带电体上每一个电荷单元在该点的电势之和，其数学公式为

$$U_a=\int \mathrm{d}U_i$$

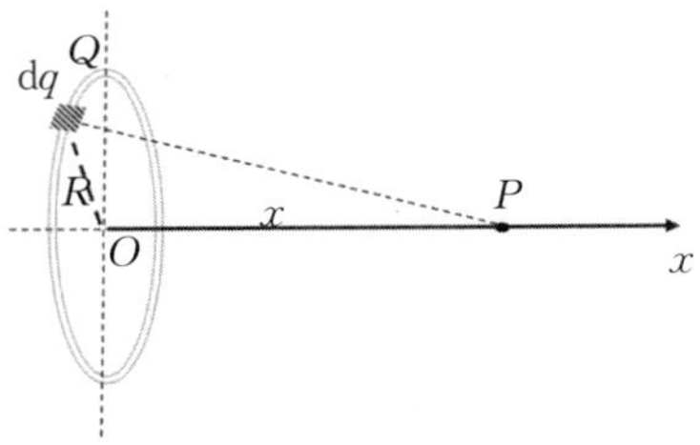

图5.4.5　例5.15用图

例5.15　如图5.4.5所示，电量为Q的均匀带电圆环，试求其轴线上任意一点P的电势。

解　本题可采用电势叠加法或者电势定义法进行求解。

(1) 电势的叠加法I。

对于电荷连续分布的带电体而言，通常把它视为由点电荷构成的点电荷系，其中每一个点电荷所具有的电量为$\mathrm{d}q$

$$\mathrm{d}q=\lambda \mathrm{d}l=\lambda R\mathrm{d}\theta$$

点电荷$\mathrm{d}q$在P点的电势为

$$\mathrm{d}U_P=\frac{1}{4\pi\varepsilon_0}\frac{\mathrm{d}q}{\sqrt{R^2+x^2}}$$

根据叠加原理

$$U_P=\int \mathrm{d}U_P=\frac{\lambda R}{4\pi\varepsilon_0\sqrt{R^2+x^2}}\int_0^{2\pi}\mathrm{d}\theta$$

$$=\frac{\lambda R}{2\varepsilon_0\sqrt{R^2+x^2}}$$

$$=\frac{Q}{4\pi\varepsilon_0\sqrt{R^2+x^2}}$$

(2) 电势的叠加法II。

事实上，电势的叠加法并不仅限于点电荷。对于连续带电体而言，也可以将其视为由带电基本单元组成。在本题中，我们可以将带电圆环视为由成对的点电荷构成，构成圆环的点电荷对以环心对称。根据例5.13，点电荷对在其中垂线上的电势为

$$U_P=\frac{(q_1+q_2)}{4\pi\varepsilon_0(x^2+d^2)^{1/2}}$$

假设点电荷对所带的电量为$\mathrm{d}q$，则其在P点的电势为

$$\mathrm{d}U=\frac{\mathrm{d}q}{4\pi\varepsilon_0(x^2+R^2)^{1/2}}$$

根据叠加原理

$$U_P=\int \mathrm{d}U=\int_0^Q\frac{\mathrm{d}q}{4\pi\varepsilon_0(x^2+R^2)^{1/2}}$$

$$=\frac{1}{4\pi\varepsilon_0(x^2+R^2)^{1/2}}\int_0^Q\mathrm{d}q$$

$$=\frac{Q}{4\pi\varepsilon_0(x^2+R^2)^{1/2}}$$

(3) 电势的定义法。

根据电势的定义，选择无限远处为零电势能点，则P点的电势可以表示为

$$U_P=\int_P^{\infty}\boldsymbol{E}\cdot \mathrm{d}\boldsymbol{l}$$

采用定义法计算，先得知道无限远处任意一点的电场强度分布。对圆环而言，我们在前面已经计算了其中垂线上任意一点的电场强度为

$$E=\frac{Qx}{4\pi\varepsilon_0(R^2+x^2)^{3/2}}$$

所以

$$\begin{aligned}U_P&=\int_P^{\infty}\boldsymbol{E}\cdot \mathrm{d}\boldsymbol{l}\\&=\int_x^{\infty}E_x\,\mathrm{d}x\\&=\int_x^{\infty}\frac{\lambda Rx}{2\varepsilon_0(R^2+x^2)^{3/2}}\,\mathrm{d}x\\&=\frac{\lambda R}{2\varepsilon_0}\int_x^{\infty}\frac{x}{(R^2+x^2)^{3/2}}\,\mathrm{d}x\\&=\frac{\lambda R}{2\varepsilon_0\sqrt{R^2+x^2}}\end{aligned}$$

总结

(1) 采用叠加法计算电势的基本步骤。

①将带电体划分为点电荷或构成带电体的电荷单元，令其电量为$\mathrm{d}q$，根据题意，可将其用带电体的几何参数进行描述，例如

$$\mathrm{d}q=\lambda \mathrm{d}l$$

②点电荷或电荷单元$\mathrm{d}q$的电势，对点电荷有

$$\mathrm{d}U=\frac{1}{4\pi\varepsilon_0}\frac{\mathrm{d}q}{r}$$

③对点电荷或者电荷单元的电势进行求和。

$$U=\int \mathrm{d}U$$

由于电势是标量，用叠加法求解电势时不涉及矢量运算，这会大大化简积分求解步骤。

(2) 采用定义法计算电势的基本步骤。

①求解电场强度。对于存在对称性的几何带电体，求解其某一对称轴上的电场强度。

②将电场强度的求解结果带入电势的公式：

$$U_a=\int_a^{\infty}\boldsymbol{E}\cdot d\boldsymbol{l}$$

③根据电场强度的分布特性，选择适合的积分路径，并计算。

采用定义法进行求解时需要注意：根据静电场的环路定理，电场强度的积分与路径无关，因此，我们在选择电势公式中的积分路径$a\to\infty$时，根据所求的电场强度分布特征，选择特殊的积分路径，从而达到简化运算的目的。

（3）根据电势的定义，电势可通过电场强度的积分获得；从数学运算的角度来看，当电势已知时，电场强度可以通过电势的微分获得。

（4）为了更形象地用电势描述电场在空间的分布情况，我们引入等势面的概念。等势面是指电场中电势相等的点构成的平面。等势面与电场线处处正交；等势面密集的地方电场强度大，稀疏的地方电场强度小。

重要概念回顾

1. **电荷的基本属性**

（1）电荷的种类：正电荷和负电荷。

（2）电荷的量子化：在自然界中，任何一个带电物体所带的电量为基本电量e的整数倍。其中，基本电量e为电子电量，称为元电荷。

（3）电荷守恒定律：在一个孤立的系统内，正负电荷的电量总和（在任何物理过程中）保持不变。

（4）相对论不变性：电荷的电量与其运动的速度无关。

（5）电荷的相互作用：同种电荷相互排斥，异种电荷相互吸引。

2. **点电荷**

当带电体本身的线度远远小于所研究问题的空间跨度时，通常忽略带电体的形状和大小，而把带电体视为一个带有电量的点，这种从带电体上抽象出来的理想模型称为点电荷。

3. **库仑定律**

真空中，两个静止点电荷之间相互作用力F的大小与点电荷电量q_1和q_2的乘积成正比，与它们之间距离r的平方成反比，作用力的方向沿着它们的连线，同号电荷相斥，异号电荷

相吸。库仑定律的数学表达式为

$$F=\frac{1}{4\pi\varepsilon_0}\frac{q_1q_2}{r^2}\boldsymbol{r}_0$$

式中，ε_0 称为真空介电常数，$\varepsilon_0\approx 8.85\times10^{-12}\mathrm{C}^2/(\mathrm{N}\cdot\mathrm{m}^2)$，$\boldsymbol{r}_0$ 为单位矢量，其方向由施力电荷指向受力电荷。

4. **静电场**

静电场是指相对于观察者静止且电量不随时间变化的电荷激发出的电场。

5. **电场强度**

（1）定义。

检验电荷所受电场力与其电量的比值称为电场强度，即

$$\boldsymbol{E}=\frac{\boldsymbol{F}}{q_0}$$

（2）电场强度的叠加原理。

点电荷系在空间某点处的总电场强度，等于单个点电荷在该点处的电场强度的矢量叠加，这一结论称为电场强度的叠加原理。

对于电荷离散分布的点电荷系，电场强度的叠加原理可表示为

$$\boldsymbol{E}=\sum_{i=1}^{n}\boldsymbol{E}_i$$

对于电荷连续分布的点电荷系，电场强度的叠加原理可表示为

$$\boldsymbol{E}=\int \mathrm{d}\boldsymbol{E}$$

（3）电场强度的计算。

①点电荷的电场强度：利用电场强度的定义和库仑定律进行计算。

点电荷（场源电荷）在空间中某点（场点）所激发的电场强度的大小与其电量成正比，与场源电荷到场点距离的平方成反比。电场强度的方向与场源电荷的电性有关，正电荷的电场强度方向从场源电场强度指向场点，负电荷的电场强度方向由场点指向场源电荷，即

$$\boldsymbol{E}=\frac{1}{4\pi\varepsilon_0}\cdot\frac{q}{r^2}\boldsymbol{r}_0$$

②点电荷系的电场强度。

对于电荷离散分布的点电荷系：利用点电荷的电场强度公式和电荷离散分布的点电荷系的叠加原理进行计算。

对于电荷连续分布的点电荷系：将带电体视为点电荷系，利用点电荷的电场强度公式和电荷离散分布的点电荷系的叠加原理进行计算。

采用叠加原理求解点电荷系电场强度的具体步骤：第一，根据问题引入（直角）坐标系；第二，根据点电荷的分布，画出每一个点电荷在场点处的电场强度分布，如果是连续分布的带电体，则需要将带电体视为点电荷系并在其中选取1～2个点电荷进行分解；第三，将电场强度分解在各个坐标分量之上，并根据分解结果写出各个方向上的电场强度表达式；第四，对坐标分量上的电场强度进行求和；第五，将各个坐标分量上的电场强度进行合成，得到总电场强度。

(4) 典型带电体的电场强度。

①均匀带电圆环轴线上一点的电场强度：

$$E=\frac{Qx}{4\pi\varepsilon_0(x^2+R^2)^{3/2}}$$

电场强度方向沿轴线向外。

②均匀带电圆盘轴线上一点的电场强度：

$$E=\frac{\sigma}{2\varepsilon_0}\left(1-\frac{x}{\sqrt{x^2+R^2}}\right)$$

电场强度方向沿 x 轴正向。

③无限大带电平板的电场强度

$$E=\frac{\sigma}{2\varepsilon_0}$$

电场强度方向垂直于板面。

6. **电场线**

电场线是根据电场在带电体周围空间中的分布特性，引入的一系列假想的曲线。这些曲线可以形象地描绘出电场在空间中的分布情况：曲线的疏密程度代表电场的强弱，曲线切线方向代表电场的方向。

7. **电通量**

电通量是指穿过某一曲面上的电场线的条数，通常用符号 Ψ_e 表示，公式为

$$\Psi_e=\iint_S \boldsymbol{E}\cdot \mathrm{d}\boldsymbol{S}$$

8. **高斯定理**

在真空中，穿过任意封闭曲面 S 的电通量 Ψ_e 等于被包围在曲面内的电荷电量代数和 $Q_{内}$ 除以真空介电常数 ε_0，称为高斯定理，表达式为

$$\Psi_e=\oiint_S \boldsymbol{E}\cdot \mathrm{d}\boldsymbol{S}=\frac{Q_{内}}{\varepsilon_0}$$

高斯定理中描述的封闭曲面 S 通常称为高斯面。高斯定理

表明：静电场是有源场。

9. **静电场的环路定理**

$$\oint \boldsymbol{E} \cdot \mathrm{d}\boldsymbol{l} = 0$$

上式表明：电场强度沿闭合路径的线积分（电场强度的环流）等于零，这一结论叫作静电场的环路定理。环路定理表明：静电场是保守力场；静电场的线积分与路径的形状无关，静电场是一个无旋场。

10. **电势能**

$$E_{\mathrm{p}} = \int_a^{p(0)} q_0 \boldsymbol{E} \cdot \mathrm{d}\boldsymbol{l}$$

电势能反映了电场力的做功本领，但其不仅仅与电场本身有关，还与放入其中的检验电荷有关，所以它不适合用于描述电场本身的性质。

11. **电势**

$$U_a = \frac{E_{\mathrm{p}a}}{q_0} = \int_a^{p(0)} \boldsymbol{E} \cdot \mathrm{d}\boldsymbol{l}$$

电场中任意一点 a 的电势 U_a 等于该点的电势能 $E_{\mathrm{p}a}$ 与检验电荷电量 q_0 的比值，也等于单位正电荷位于该点所具有的电势能，或者单位正电荷从该点移到零电势能点静电力对它做的功。

思考题

1. 比较库仑定律和万有引力定律。
2. 电场强度是如何定义的?
3. 高斯定理的内容是什么，说明电场的什么性质?
4. 什么是静电场的环路定理，它说明了电场的什么性质?
5. 电势是如何定义的?
6. 电场强度和电势的联系与区别是什么?

习　题

1. 半径为 R 的均匀带电的半圆弧形的带电细棒，均匀地分布着电荷 Q，求圆心处的电场强度 E。

2. 半径为 R 的均匀带电的半圆弧形的带电细棒，均匀地分布着电荷 Q，求圆心处的电势 U。

3. 长为 L 的带电细棒均匀地分布着电荷，电荷线密度为 λ，求：

（1）延长线上一点P的电场强度；

（2）垂直平分线上任意一点处的电场强度。

4. 长为L的带电细棒均匀地分布着电荷，电荷线密度为λ，求：

（1）延长线上一点P的电势；

（2）带电细棒垂直平分线上任意一点处的电势。

5. 两块无限大的带电金属板的电势分别为U_a和U_b（且$U_a>U_b$），距离为d，求两板间的电场强度。

第6章 稳恒磁场

章首问题

在几十亿年的进化过程中，地球上许多生物进化出利用微弱地磁场在海陆空实现精确定向和导航的能力。那鸟类是如何利用地球的磁场来辨识方向的呢？

人类很早就观察到了自然界中的磁现象并能够对其加以应用。然而，在很长一段时间内，人类对磁现象内在规律的认识并不深入。1820年，丹麦物理学家奥斯特发现电和磁这两种看似完全没有任何联系的物质存在着某种必然联系，从而开启了人类深入认识和研究磁现象本质的大门。在本章中，我们通过通有恒定电流I的导线周围的磁场来认识磁现象的基本规律。

6.1 磁感应强度

1. 奥斯特实验和分子环流假说

天然的磁铁矿石（四氧化三铁）是人们最早发现的磁铁。早在春秋战国时期，人们已对磁现象有了一些认识：针状的磁铁（小磁针）能够始终指向地球的南北方向，从而对应地被命名为磁铁的南北两极；磁铁的南北两极之间的相互作用满足同极相互排斥、异极相互吸引的规律；等等。

1820年，丹麦物理学家奥斯特报道了他关于电和磁的研究成果，即著名的奥斯特实验。奥斯特实验可简单地描述为：将小磁针放置于指向南北方向的直导线周围，当导线中没有电流流过时，小磁针在地磁的影响下指向南北方向；当导线中有电流流过时，小磁针的指向发生偏转，且偏转的方向与直导线中电流的方向有关。奥斯特实验表明，电流能够对小磁针施加力的作用。奥斯特实验揭示了通电导线和磁铁之间存在某种必然的联系。通过进一步的实验，他还发现通电导线与磁铁之间的作用力是相互的，这种力不仅存在于通电导线和磁铁之间，还存在于各通电导线之间。

受到奥斯特实验的启发，安培提出了分子环流假说。他认为，磁铁内部存在一种基本的电流单元即“分子电流”，在分子电流的作用下，磁铁显示出了磁性。安培的假说与近代物理学的研究成果是一致的，在物质的内部存在大量由正电荷（原子核）和负电荷（电子）构成的原子，电子绕核运动形成了微观的电流。当物质内部这种微观电流形成的磁效应发生叠加时，物质就显示出了不同强度的磁性。因此，从本质上来说，磁现象都是由运动的电荷形成的。

2. **电流元**

总结出点电荷之间的作用规律后，库仑曾采用类似的研究思路对小磁针的相互作用力进行研究。在研究中，他把小磁针看作是由两种不同的磁荷组成的，从而获得了与库仑定律类似的结论。他引入磁电场强度的概念来描述空间中存在的磁场，然而由于没有找到单独存在的磁极，所以在很长一段时间内他对磁场的研究没有实质性进展。

在奥斯特报道了电磁感应现象后，物理学家开展了大量有关磁相互作用力的研究。其中，以毕奥和萨伐尔为代表的物理学家主要关注通电导线和小磁针之间的相互作用，而以安培为代表的物理学家则主要关注通电导线之间的相互作用力。

1820年，毕奥和萨伐尔发表了他们研究通电导线与其周围的小磁针的相互作用的成果，获得了单位磁极所受作用力大小的公式：

$$\mathrm{d}H=k\frac{I\mathrm{d}l}{r^2}\sin\theta$$

方向为

$$I\mathrm{d}\boldsymbol{l}\times\boldsymbol{r}_0$$

同年，安培也发表了他关于两根通电导线之间的相互作用的研究成果，并获得了两电流元 $I_1\mathrm{d}l_1$ 和 $I_2\mathrm{d}l_2$ 之间作用力大小为

$$\mathrm{d}F_{21}=\frac{\mu_0}{4\pi}\frac{I_1\mathrm{d}l_1\sin\theta_1 I_2\mathrm{d}l_2\sin\theta_2}{r^2}$$

方向为

$$I\mathrm{d}\boldsymbol{l}\times\boldsymbol{r}_0$$

为了更好地描述通电导线所受力的作用，他们都引入了电流元 $I\mathrm{d}\boldsymbol{l}$ 的概念。

电流元是为了研究任意形状的电流周围激发磁场的规律而引入的一种只有电流忽略其形状和大小的电流基本单元，用符号 $I\mathrm{d}\boldsymbol{l}$ 表示。电流元是矢量，其方向与电流I的流向相同。与元电荷 $\mathrm{d}q$ 一样，是一种理想模型。

3. **磁场和磁感应强度**

磁场是磁力发生作用的媒介，换句话说，磁场能够对放入其中的运动电荷产生力的作用。根据这一特点，我们可以采用磁场力来描述磁场的力学特性。

与万有引力和静电力一样，通电导线与小磁针、各通电导线之间的相互作用也不需要直接接触就能发生。对于磁铁和通有恒定电流的直导线而言，其相互作用通过磁场来传递。磁铁

之间、通电导线与磁铁之间，以及通电导线之间的相互作用的发生可以理解为：运动电荷激发了磁场，磁场对放入其中的运动电荷产生力的作用。因此，磁相互作用通过磁场来传递。

不同时期定量描述磁场的物理量存在一些差异。早期对于磁铁周围的磁场的研究通常采用磁电场强度度来定量描述，而通电导线周围的磁场则通常采用磁感应强度来定量描述。

磁场是电流（运动电荷）在其周围激发的一种客观物质。在毕奥-萨法尔和安培关于磁相互作用的公式中，反映出在同一空间位置，单位磁极和单位电流元所受的力是一固定值，即

$$\frac{dF_{21}}{I_1 dl_1 \sin\theta_1}=\frac{\mu_0}{4\pi}\frac{I_2 dl_2 \sin\theta_2}{r^2}$$

上式表明：在电流 I_2 的磁场中某一固定点 dl_1，放入一电流元 I_1dl_1 时，电流元 I_1dl_1 所受的力 dF_{21} 与 $I_1dl_1\sin\theta_1$ 的比值与电流元 I_1dl_1 本身无关，而与产生磁场的电流元 I_2dl_2 及其相关的参数有关，这表明该比值反映了磁场本身的力学性质。据此，引入磁感应强度 $\boldsymbol{B}$ 来定量描述通电导线周围的磁场，其大小为

$$B=\frac{dF_{\max}}{Idl}$$

其方向为

$$d\boldsymbol{F}_{\max}=Id\boldsymbol{l}\times\boldsymbol{B}$$

按照上述定义，磁感应强度 $\boldsymbol{B}$ 的单位名称为牛顿/(安培·米)，符号为N（A·m）。在国际单位制（SI）中，磁感应强度的单位名称为特斯拉，符号为T，即

$$1\,\mathrm{T}=1\,\mathrm{N/(A\cdot m)}$$

磁现象是由电荷运动产生的。1892年，荷兰物理学家洛仑兹在建立经典电子论时提出电荷在磁场中运动时所受到的力与磁场之间关系，表达式为

$$\boldsymbol{F}=q\boldsymbol{v}\times\boldsymbol{B}$$

式中，q 表示电荷的电量，$\boldsymbol{v}$ 表示电荷在磁场中运动的速度，$\boldsymbol{B}$ 表示磁感应强度。上式表明：当运动电荷 q 穿过磁场时，所受磁场力与检验电荷的电量 q、运动速度 $\boldsymbol{v}$ 有关。当运动速度 $\boldsymbol{v}$ 与 $\boldsymbol{B}$ 方向相同或相反时，所受的磁场力最小，当运动速度 $\boldsymbol{v}$ 与 $\boldsymbol{B}$ 方向垂直时，所受的磁场力最大，即

$$F_{\max}=qvB$$

据此，我们也可以采用上式定义磁感应强度 $\boldsymbol{B}$ 的大小：

$$B=\frac{F_{\max}}{qv}$$

其方向为

$$\boldsymbol{F}=q\boldsymbol{v}\times\boldsymbol{B}$$

值得注意的是，尽管上面我们采用了两种方式来定义磁感应强度，但其本质是一样的，都是从力的角度来探讨磁场，只是第一种方式是通过电流元，而第二种是通过运动电荷。

6.2 毕奥–萨伐尔定律

载流导线中任一电流微元 $I\mathrm{d}\boldsymbol{l}$ 在真空中任一点产生的磁感应强度 $\mathrm{d}\boldsymbol{B}$ 所遵循的规律，称为毕奥–萨伐尔定律，表达式为

$$\mathrm{d}\boldsymbol{B}=\frac{\mu_0}{4\pi}\frac{I\mathrm{d}\boldsymbol{l}\times\boldsymbol{r}_0}{r^3}$$

式中，μ_0 表示真空磁导率，其值为 $\mu_0=4\pi\times10^{-7}\ \mathrm{H/m}$。$\mathrm{d}B$ 的大小为

$$\mathrm{d}B=\frac{\mu_0}{4\pi}\frac{I\mathrm{d}\boldsymbol{l}\times\sin\theta}{r^2}$$

电流元 $I\mathrm{d}\boldsymbol{l}$ 周围激发的磁感应强度大小与 $I\mathrm{d}\boldsymbol{l}\sin\theta$ 成正比（θ 是 $I\mathrm{d}\boldsymbol{l}$ 和 $\boldsymbol{r}_0$ 之间的夹角），与到电流元的距离的平方成反比。磁感应强度的方向垂直于 $I\mathrm{d}\boldsymbol{l}$ 和 $\boldsymbol{r}_0$ 形成的平面，遵守右手螺旋定则。

例6.1（载流直导线的磁场） 如图6.2.1所示，通有恒定电流 I 的载流导线中 ab 段为直导线，试求该载流直导线周围任意一点 P 所激发的磁感应强度 B 的大小。

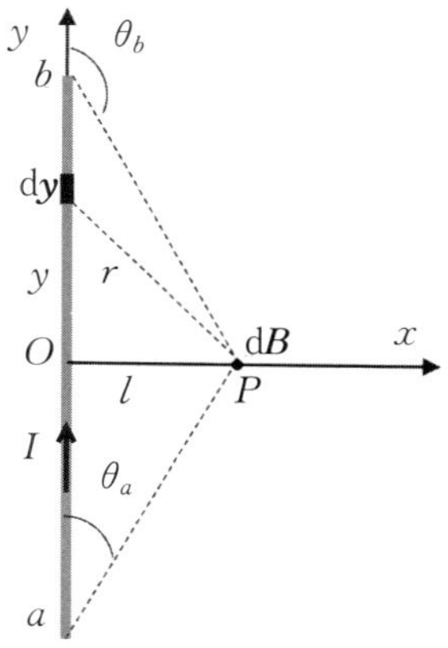

图6.2.1 例6.1用图

解 如图6.2.1所示，建立直角坐标，假设电流方向与 y 轴正方向相同。在直导线上任意取一段电流元 $I\mathrm{d}\boldsymbol{y}$，假设 P 点到电流元的距离为 r，则电流元在 P 点产生的磁感应强度 B 的大小为

$$\mathrm{d}B=\frac{\mu_0 I\mathrm{d}y\sin\theta}{4\pi r^2}$$

其中，$r^2=y^2+l^2$，$\mathrm{d}B$ 方向都垂直纸面向里，因此总的磁感应强度的大小为

$$\begin{aligned}B&=\int_a^b\mathrm{d}B\\&=\int_{y_a}^{y_b}\frac{\mu_0 I\mathrm{d}y\sin\theta}{4\pi r^2}\\&=\frac{\mu_0 I}{4\pi}\int_{y_a}^{y_b}\frac{\sin\theta}{r^2}\mathrm{d}y\\&=\frac{\mu_0 I}{4\pi l}\int_{\theta_a}^{\theta_b}\sin\theta\mathrm{d}\theta\\&=\frac{\mu_0 I}{4\pi l}(\cos\theta_a-\cos\theta_b)\end{aligned}$$

可以看到，当载流直导线垂直穿过某一圆心时，其在该圆周上激发的磁感应强度的大小相等，方向沿着圆周的切线方向。

拓展

(1) 无限长载流直导线周围的磁感应强度。

对于无限长载流直导线而言，$\theta_a=0$，$\theta_b=\pi$，因此

$$B=\frac{\mu_0 I}{2\pi l}$$

(2) 无限长载流直导线及其延长线上的磁感应强度。

对于无限长载流直导线及其延长线而言，满足 $\theta_a=0$，$\theta_b=0$,或 $\theta_a=\pi$，$\theta_b=\pi$，因此

$$B=0$$

(3) 半无限长载流直导线周围的磁感应强度。

在例6.1中，我们首先运用了毕奥–萨伐尔定律求出了电流元 $I\mathrm{d}y$ 激发的磁感应强度 $\mathrm{d}B$，在运用叠加原理对电流元的磁感应强度进行叠加。据此，我们把磁感应强度的叠加原理归纳为：总磁感应强度等于电流元激发的磁感应强度的矢量叠加。值得注意的是，磁感应强度的叠加原理并不仅限于以电流元为基本单元进行叠加。因此，磁感应强度的叠加原理可概括为：总磁感应强度等于电流基本单元激发的磁感应强度的矢量叠加。

此处的电流基本单元并不是只指电流元。例如，当无限长载流直导线被视为由两段半无限长的载流直导线组成时，基本单元就是半无限长的载流直导线，主要包括两部分，即 $-\infty\to O$ 和 $O\to\infty$。对于 $-\infty\to O$ 的半无限长载流直导线而言，$\theta_a=0$，$\theta_b=\frac{\pi}{2}$，其在P点的磁感应强度为

$$B_1=\frac{\mu_0 I}{4\pi l}$$

同理，可以求得 $O\to\infty$ 的半无限长载流直导线在 P 点的磁感应强度为

$$B_2=\frac{\mu_0 I}{4\pi l}$$

由于两者的方向一致，因此

$$B=B_1+B_2=\frac{\mu_0 I}{2\pi l}$$

这一结论与直接采用电流元作为基本单元进行叠加所获得的结果一致。

(4) 矩形线圈中心处的磁场。

基于例6.1的结果和磁感应强度的叠加原理，容易求得边长为l、电流为I的矩形线圈中心处的磁感应强度的大小为

$$B_0=\frac{2\sqrt{2}\mu_0 I}{\pi l}$$

例6.2（载流圆线圈的磁场） 如图6.2.2所示，通有恒定电流I的载流圆线圈，半径为R，试求该载流圆线圈中轴线任意一点P所激发的磁感应强度B的大小。

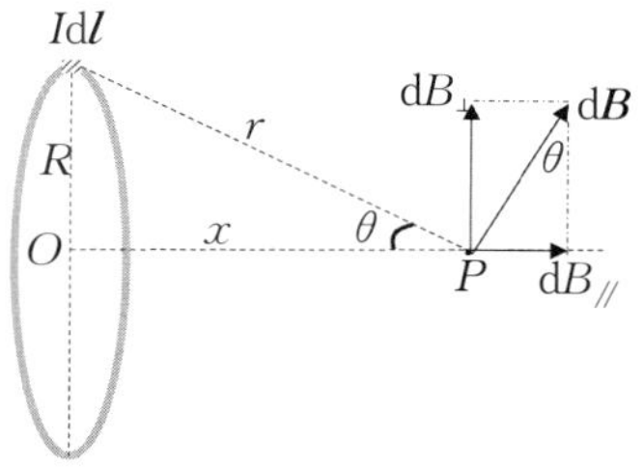

图6.2.2　例6.2用图

解　如图6.2.2所示，在载流线圈上取任意电流元Idl，电流元在轴线上任意一点P的磁感应强度$\mathrm{d}B$的大小为

$$\mathrm{d}B=\frac{\mu_0}{4\pi}\frac{I\mathrm{d}l\sin\theta}{r^2}$$

由于Idl与r的夹角θ为90°，所以

$$\mathrm{d}B=\frac{\mu_0 I\mathrm{d}l}{4\pi r^2}$$

由于各个电流元产生的磁感应强度的方向不一致，因此$\mathrm{d}\boldsymbol{B}$可以分解为平行于轴线的分量$\mathrm{d}B_{/\!/}$和垂直于轴线的分量$\mathrm{d}B_{\perp}$

$$\mathrm{d}\boldsymbol{B}=\mathrm{d}B_{/\!/}\boldsymbol{i}+\mathrm{d}B_{\perp}j$$

其中

$$\mathrm{d}B_{/\!/}=\mathrm{d}B\sin\theta$$
$$\mathrm{d}B_{\perp}=\mathrm{d}B\cos\theta$$

根据叠加原理

$$B_{\perp}=\int\mathrm{d}B_{\perp}=0$$

$$B_{/\!/}=\int\mathrm{d}B_{/\!/}=\int\mathrm{d}B\sin\theta=\frac{\mu_0 IR^2}{2(R^2+x^2)^{3/2}}$$

即

$$B=\frac{\mu_0 IR^2}{2(R^2+x^2)^{3/2}}$$

拓展

（1）上述结果也可以用角度表示为

$$B=\frac{\mu_0 IR^2}{2(R^2+x^2)^{3/2}}=\frac{\mu_0 I\sin^3\theta}{2R}$$

（2）在圆心处，$x=0$，磁感应强度的大小为

$$B=\frac{\mu_0 I}{2R}$$

当回路电流是由单个电子做圆周运动形成的时，对应于波尔氢原子模型中的电子绕核做圆周运动。假设电子质量为m_e，转速为n，则电流可以表示为

$$I=nm_e$$

电子做圆周运动的轨道中心的磁感应强度的大小为

$$B=\frac{\mu_0 I}{2R}=\frac{\mu_0 nm_e}{2R}$$

电子绕核运动的角动量的大小为

$$L = rmv\sin\theta = 2\pi nm_eR^2$$

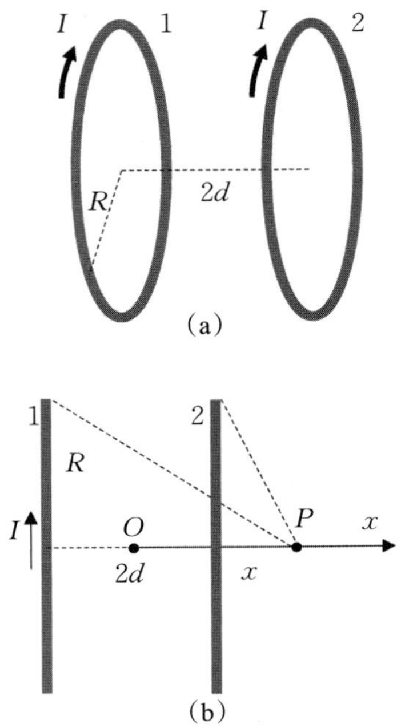

图6.2.3　例6.3用图

例6.3　如图6.2.3所示，一对通有相同电流的载流圆线圈共轴平行地放置。

（1）试求轴线上的磁场分布；

（2）两线圈之间的距离为多少时，它们之间的磁场为匀强磁场。

解：（1）如图6.2.3（a）所示的装置为亥姆霍兹线圈。为了便于讨论，我们绘制其侧视图，如图6.2.3（b）所示。假设载流圆线圈的半径为R、电流为I，两线圈之间的距离为$2d$。以两线圈连线的中点为坐标原点，向右为正方向，建立x坐标，x轴上任意一点P的磁感应强度的大小为

$$B_1 = \frac{\mu_0 IR^2}{2[R^2+(x+d)^2]^{3/2}}$$

$$B_2 = \frac{\mu_0 IR^2}{2[R^2+(x-d)^2]^{3/2}}$$

$\boldsymbol{B}_1$和$\boldsymbol{B}_2$的方向为x轴负向，所以P点处磁感应强度$\boldsymbol{B}$的大小为

$$\begin{aligned} B &= -B_1 - B_2 \\ &= -\frac{\mu_0 IR^2}{2}\left(\frac{1}{[R^2+(x+d)^2]^{3/2}} + \frac{1}{[R^2+(x-d)^2]^{3/2}}\right) \\ &= -\frac{\mu_0 I}{2R}(\sin^3\theta_1 + \sin^3\theta_2) \end{aligned}$$

（2）在两线圈的中心处，磁感应强度最大，分别为

$$B_{10} = B_{20} = \frac{\mu_0 I}{2R}$$

线圈两侧的轴线上任意一点的磁感应强度的大小为

$$B_1 = \frac{\mu_0 IR^2}{2[R^2+(x+d)^2]^{3/2}} < B_{10}$$

$$B_2 = \frac{\mu_0 IR^2}{2[R^2+(x-d)^2]^{3/2}} < B_{20}$$

因此，在线圈1和线圈2中间任意一点处的磁感应强度的大小

$$B = B_1 + B_2$$

与两线圈之间的距离$2d$有关。

当间距$2d=0$时，两线圈重合，线圈中心的磁感应强度的大小为

$$B_0 = B_{10} + B_{20} = \frac{\mu_0 I}{R}$$

而当两线圈之间的距离满足 $2d \gg R$ 时 $B_{\infty}=0$ 。

显然，线圈1和线圈2中间任意一点的磁感应强度 $\boldsymbol{B}$ 的大小会随着线圈间距发生变化，满足

$$0<B<\frac{\mu_0 I}{R}$$

值得注意的是，磁感应强度的大小具有轴对称性，其对称轴为 $x=0$。因此，根据不同的线圈间距，线圈1和线圈2中间任意一点的磁感应强度 $\boldsymbol{B}$ 的大小存在三种不同的状态，而对应的坐标正是 $x=0$ 处，该点处的磁感应强度的大小为

$$B_{x=0}=\frac{\mu_0 I R^2}{[R^2+d^2]^{3/2}}$$

当线圈间距较大时，磁感应强度 $B_{x=0}$ 具有极小值

$$0<B_{x=0}<\frac{\mu_0 I}{2R}$$

当线圈间距较小时，磁感应强度 $B_{x=0}$ 具有极大值

$$\frac{\mu_0 I}{2R}<B_{x=0}<\frac{\mu_0 I}{R}$$

可以推断，必然存在一个状态，使得 $B_{x=0}$ 既不是极大值，也不是极小值，即

$$\left.\frac{\mathrm{d}^2 B}{\mathrm{d}x^2}\right|_{x=0}=0$$

从而可得 $d=R/2$ ，即此时两环间磁场可视为匀强磁场。

例6.4　如图6.6.4所示，求载流密绕螺旋管轴线上的磁感应强度。

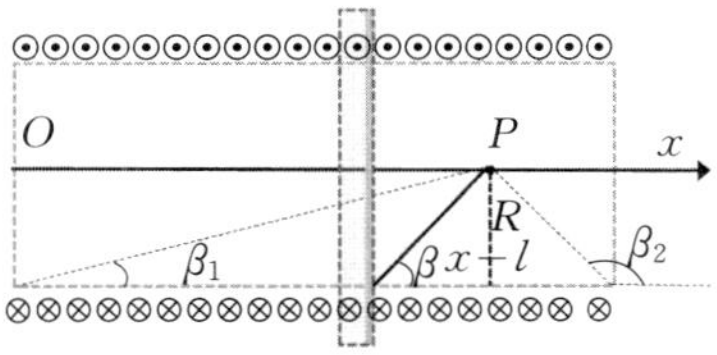

图6.6.4　例6.4用图

解　在螺旋管上任意选取一个圆环作为电流单元，假设单位长度的电流为 i ，则圆环单元中的电流为 $i\mathrm{d}l$ ，其在 x 轴上任意一点 P 的磁感应强度的大小为

$$\mathrm{d}B=\frac{\mu_0 R^2 i\mathrm{d}l}{2[R^2+(x-l)^2]^{3/2}}$$

其方向为 x 轴的正方向，则整个螺旋管在 P 点产生的磁感应强度的大小为

$$B=\int \mathrm{d}B=\int_0^L \frac{\mu_0 R^2 i\mathrm{d}l}{2[R^2+(x-l)^2]^{3/2}}$$

$$=\frac{\mu_0 i R^2}{2}\int_0^L \frac{\mathrm{d}l}{[R^2+(x-l)^2]^{3/2}}$$

由图6.6.4可见

$$\sin\beta=\frac{R}{[R^2+(x-l)^2]^{1/2}}$$

因此

$$\frac{1}{[R^2+(x-l)^2]^{3/2}}=\frac{\sin^3\beta}{R^3}$$

又因

$$\cot\beta=\frac{x-l}{R}$$

取微分有

$$dl=\frac{d\beta}{\sin^2\beta}$$

所以

$$B=\frac{\mu_0 i}{2}\int_{\beta_1}^{\beta_2}\sin\beta d\beta$$
$$=\frac{\mu_0 i}{2}(\cos\beta_1-\cos\beta_2)$$

式中，i 为单位长度的电流，假设单位长度内有 N 匝线圈，每匝线圈中的电流为 I，则有

$$i=NI$$

则轴线上的磁感应强度的大小为

$$B=\frac{\mu_0 NI}{2}(\cos\beta_1-\cos\beta_2)$$

讨论

对于无限长的载流螺旋管而言，$\beta_1=0$，$\beta_2=\pi$，因此其轴线上任意一点的磁感应强度的大小为

$$B=\mu_0 NI$$

6.3 磁场高斯定理和安培环路定理

1. 磁通量

为了形象地描述磁场在空间的分布，引入磁力线的概念。磁力线在该区域的疏密程度则表示磁场的强弱，磁力线上任意一点的切线方向为磁场的方向。与静电场类似，我们可以采用磁通量的概念来定量描述磁场在空间的分布情况。磁通量 Φ 是指穿过某个面 S 上的磁力线数。当匀强磁场 $\boldsymbol{B}$ 垂直穿过平面 $\boldsymbol{S}$ 时，磁通量 Φ 可以用公式表示为

$$\Phi=\boldsymbol{B}\cdot\boldsymbol{S}$$

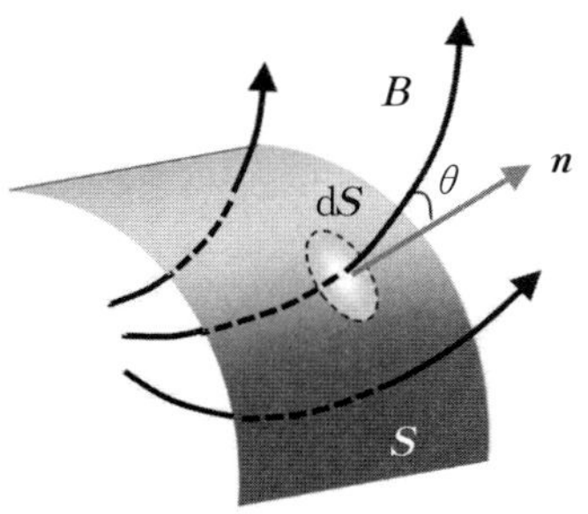

图6.3.1　磁通量示意图

如图6.3.1所示，当非匀强磁场 $\boldsymbol{B}$ 垂直穿过任意曲面 $\boldsymbol{S}$ 时，磁通量 Φ 可以用公式表示为

$$\Phi=\int_S \boldsymbol{B}\cdot \mathrm{d}\boldsymbol{S}$$

在国际单位（SI）中，磁通量的单位名称为韦伯，符号为Wb，1 Wb=1 T·m^2。

如图6.3.2所示，当磁场穿过任意封闭曲面时，由于磁力线是闭合曲线，该曲面上的磁通量必然为零。这一结论称为磁场的高斯定理,表达式为

$$\oint_S \boldsymbol{B}\cdot \mathrm{d}\boldsymbol{S}=0$$

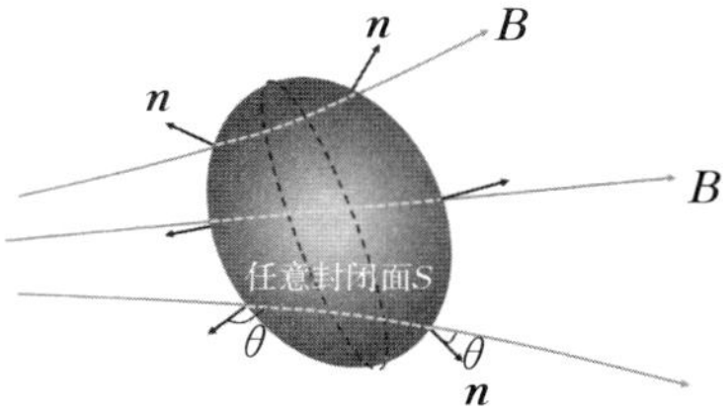

图6.3.2　磁场的高斯定理示意图

磁场中的高斯定理表明；磁场是一个无源场。

例6.5　如图6.3.3所示应用磁场高斯定理求非封闭半球面S上的磁通量 Φ 。

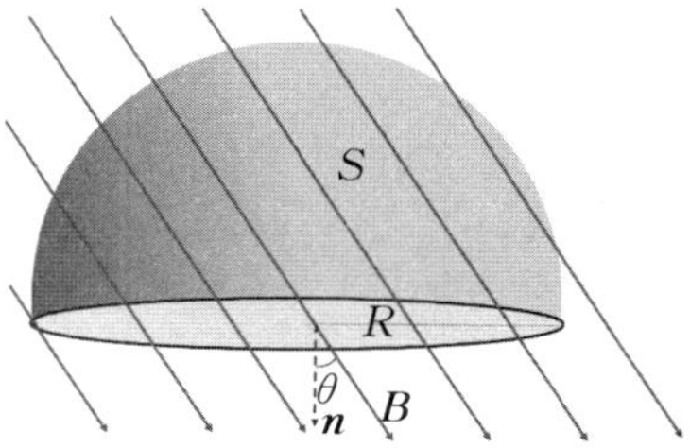

图6.3.3　例6.5用图

解　作面积为 πR^2 的圆面，形成封闭半球面，根据高斯定理，穿过封闭面上的磁通量为零，即

$$\oint_S \boldsymbol{B}\cdot \mathrm{d}\boldsymbol{S}=0$$

封闭曲面上的总磁通量等于半球面磁通量 Φ 和底圆面磁通量 Φ' 的代数和，即

$$\Phi+\Phi'=0$$

因此，穿过半球面的磁通量 Φ 为

$$\Phi=-\Phi'=-\pi R^2 B\cos\theta$$

2. **安培环路定理**

环路定理表明静电场是无旋的，对于稳恒电流的磁场，是否也具有类似的特征呢？为了探索这一问题，我们采用无限长载流直导线进行讨论。

例6.6（**安培环路定理**）　如图6.3.4所示，无限长载流直导线通有稳恒电流 I，试求载流直导线周围闭合回路 l 和回路 $abcd$ 上磁感应强度的环流 $\oint \boldsymbol{B}\cdot \mathrm{d}\boldsymbol{l}$ 。

解　（1）如图6.3.4（a）所示，闭合回路 l 是以电流 I 为中心、R 为半径的圆环，圆环上任意一点的磁感应强度大小处处相等，即

$$B=\frac{\mu_0 I}{2\pi R}$$

其方向满足右手定则。

选择逆时针方向为回路 l 的正方向，则回路 l 任意一点的方向与磁感应强度 $\boldsymbol{B}$ 方向的夹角处处为零。

因此，回路 l 上磁感应强度的环流为

$$\oint_l \boldsymbol{B}\cdot \mathrm{d}\boldsymbol{l}=\frac{\mu_0 I}{2\pi R}\oint_l \mathrm{d}l$$
$$=\frac{\mu_0 I}{2\pi R}\times 2\pi R$$
$$=\mu_0 I$$

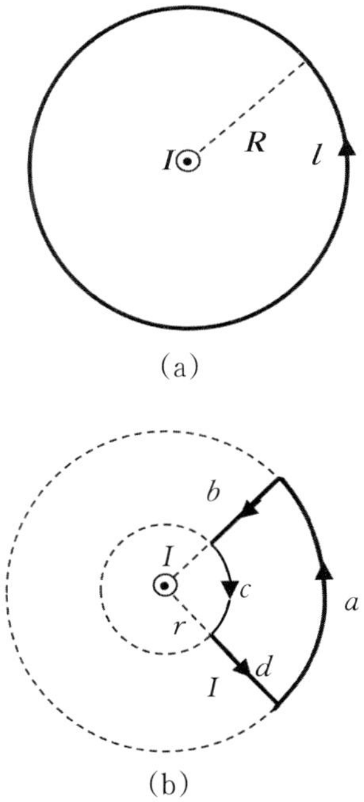

图6.3.4　例6.6用图

上式表明：磁感应强度的环流与载流直导线中的电流大小有关系，而与所选择回路的半径无关。在回路方向不变的情况下，改变电流的方向，则有

$$\oint_l \boldsymbol{B}\cdot \mathrm{d}\boldsymbol{l}=-\mu_0 I$$

（2）如图6.3.4（b）所示，闭合回路由a、b、c和d四段组成，其中，a和c是以电流I为中心、R_1和R_2为半径的圆环上的两段圆弧，两圆弧由沿半径方向的两线段b和d连成闭合曲线。

选择如图6.3.4所示的逆时针方向为$abcd$回路的正方向，则在回路l任意一点处，a、b、c和d各小段回路方向与磁感应方向的夹角θ有所差异，满足：a段，$\theta=0$；b段和c段，$\theta=\frac{\pi}{2}$；d段，$\theta=\pi$。因此，闭合回路$abcd$上磁感应强度的环流为

$$\begin{aligned}\oint_l \boldsymbol{B}\cdot \mathrm{d}\boldsymbol{l}&=\int_a \boldsymbol{B}\cdot \mathrm{d}\boldsymbol{l}+\int_b \boldsymbol{B}\cdot \mathrm{d}\boldsymbol{l}+\int_c \boldsymbol{B}\cdot \mathrm{d}\boldsymbol{l}+\int_d \boldsymbol{B}\cdot \mathrm{d}\boldsymbol{l}\\&=\frac{\mu_0 I}{2\pi}\int_a \mathrm{d}\theta+0-\frac{\mu_0 I}{2\pi}\int_c \mathrm{d}\theta+0\\&=0\end{aligned}$$

讨论

（1）通过例6.6的计算结果可以看到，磁感应强度的环流并不一定等于零，对于无限长导线从回路中穿过的情况而言，磁感应强度的环流不等于零；而对于无限长导线不穿过回路的情况而言，磁感应强度的环流则等于零。

（2）根据例6.6的计算过程和结果，不难推测，磁感应强度空间积累的结果与场源距离无关，而与场源电流I和以场源为中心的圆心角的乘积有关。因此，对于任意闭合的积分回路而言，例6.6得到的结论也是成立的。

（3）在例6.6中，我们用无限长载流直导线作为场源电流，获得了特殊的结论。有趣的是，对于用非无限长载流曲线作为场源电流的情况，例6.6得到的结论仍然成立。

基于上述讨论，可以总结出一个更为普遍的结论——安培环路定理。

安培环路定理：磁感应强度沿着任意闭合环路l的线积分，等于真空磁导率μ_0乘以穿过环路l的所有电流的代数和，表达式为

$$\oint_l \boldsymbol{B}\cdot \mathrm{d}\boldsymbol{l}=\mu_0\sum_{i=1}^{n} I_{i内}$$

安培环路定理表明：磁场是有旋场。式中，当积分回路的方向与磁感应强度的方向的夹角小于90°时，$I_{i内}$取正值，夹角大于90°时，$I_{i内}$取负值。

如图6.3.5所示，任意闭合环路 l 上磁感应强度的环流为

$$\oint_l \boldsymbol{B}\cdot \mathrm{d}\boldsymbol{l}=\mu_0(I_3-I_2-I_4)$$

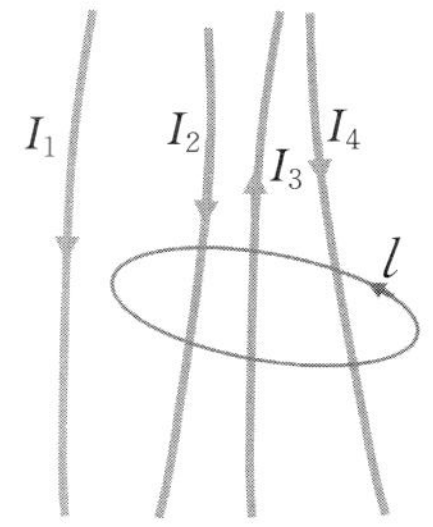

图6.3.5 应用安培环路定理的示例

例6.7(载流长直螺线管内的磁场) 长直密绕螺线管，其长度为L、半径为R，满足$L\gg R$，试求载流长直螺线管内外的磁感应强度B的大小。

解 应用安培环路定理，能够较为简便地求解出螺线管内外的磁感应强度。在螺旋管内外选取如图所示矩形回路①和回路②作为安培环路。环路由 l_1、l_2、l_3、l_4 四段组成，其中，l_2 位于中轴线上，l_4 与 l_2 平行，l_1 和 l_3 与中轴线垂直。此外，环路①的 l_4 段穿过螺线管外任意一点 P_1；而环路②的 l_4 穿过螺线管内轴线外任意一点 P_2。

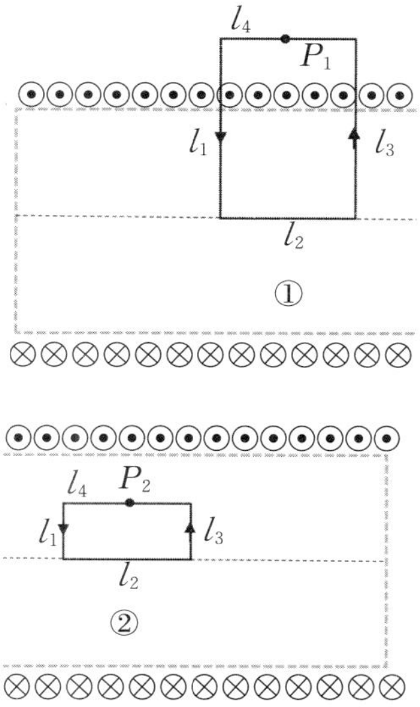

图6.3.6 例6.7用图

根据前面的计算，我们已经知道载流长直螺旋管中轴线上的磁感应强度的大小为

$$B_{轴}=\mu_0 NI$$

式中，N为螺旋管单位长度的线圈匝数，I 为单根线圈中的电流，磁感应强度的方向沿着轴线的方向向右。根据电流的对称性原理可知，螺线管内外任意一点的磁感应强度的方向与轴线平行。

(1) 螺线管外任意一点 P_1 的磁感应强度。

根据安培环路定理，对于安培环路①的情况有

$$\oint_l \boldsymbol{B}\cdot\mathrm{d}\boldsymbol{l}=\int_{l_1}\boldsymbol{B}\cdot\mathrm{d}\boldsymbol{l}+\int_{l_2}B_2\cdot\mathrm{d}l+\int_{l_3}B_3\cdot\mathrm{d}\boldsymbol{l}+\int_{l_4}B_4\cdot\mathrm{d}\boldsymbol{l}=\mu_0 NIl_4$$

由螺线管内外任意一点的磁感应强度的方向与轴线平行，有

$$\int_{l_1}\boldsymbol{B}_1\cdot\mathrm{d}\boldsymbol{l}=0$$

$$\int_{l_3}\boldsymbol{B}_3\cdot\mathrm{d}\boldsymbol{l}=0$$

因此

$$\oint_{l_2}\boldsymbol{B}_2\cdot\mathrm{d}\boldsymbol{l}+\oint_{l_4}\boldsymbol{B}_4\cdot\mathrm{d}\boldsymbol{l}=\mu_0 INl_4$$

因为

$$B_2=B_{轴}=\mu_0 NI$$

式中，N为螺旋管单位长度线圈匝数，I 为单根线圈中的电流。因磁感应强度的方向沿着轴线的方向向左，有

$$\mu_0 NIl_2-B_4 l_4=\mu_0 NIl_4$$

可见，螺线管外任意一点的磁感应强度为零，即

$$B_{外}=0$$

(2) 螺线管内任意一点 P_2 的电场强度。

根据安培环路定理，对于安培环路②的情况有

$$\oint_l \boldsymbol{B}\cdot d\boldsymbol{l} = \int_{l_1} \boldsymbol{B}_1\cdot d\boldsymbol{l} + \int_{l_2} \boldsymbol{B}_2\cdot d\boldsymbol{l} + \int_{l_3} \boldsymbol{B}_3\cdot d\boldsymbol{l} + \int_{l_4} \boldsymbol{B}_4\cdot d\boldsymbol{l} = 0$$

同样，由于螺线管内外任意一点的磁感应强度的方向与轴线平行

$$\oint_{l_1} \boldsymbol{B}_1\cdot d\boldsymbol{l} = 0$$

$$\oint_{l_3} \boldsymbol{B}_3\cdot d\boldsymbol{l} = 0$$

因此

$$\oint_{l_2} \boldsymbol{B}_2\cdot d\boldsymbol{l} + \oint_{l_4} \boldsymbol{B}_4\cdot d\boldsymbol{l} = 0$$

可得

$$B_2 l_2 - B_4 l_4 = 0$$

由于 $l_2 = l_4$，可得

$$B_4 = B_2 = \mu_0 NI$$

可见，螺线管内磁感应强度处处相等，即

$$B_{内} = \mu_0 NI$$

根据上述分析，我们可以看到，运用安培环路定理能够大大简化磁感应强度的计算过程，然而，运用安培环路定理时涉及对称性分析，所以对电流或磁场的对称性要求较高。

6.4 磁场力

磁场力是指磁场对放入其中的不同类型的运动电荷所产生的力的作用。根据运动电荷类型，磁场力可分为磁场对磁铁（小磁针）的作用力、磁场对通电导线的作用力、磁场对运动点电荷的作用力三类。本节主要讨论第二类和第三类，即磁场对通电导线和运动点电荷的作用力。

1. 洛仑兹力

运动的电荷在磁场中所受的磁场力称为洛伦兹力。1892年，荷兰物理学家洛仑兹在建立经典电子论时提出电荷 q 在磁场中运动时所受到的力 $\boldsymbol{F}$ 与运动电荷的速度 $\boldsymbol{v}$ 和磁场之间的矢量关系式为

$$\boldsymbol{F} = q\boldsymbol{v} \times \boldsymbol{B}$$

磁场力的大小为

$$F = qvB\sin\theta$$

式中，θ 为 $q\boldsymbol{v}$ 和 $\boldsymbol{B}$ 之间的夹角。

洛仑兹力的方向通常采用矢量叉乘的右手螺旋定则进行判别：从 $q\boldsymbol{v}$ 的方向伸出右手四指，沿着 $q\boldsymbol{v}$ 和 $\boldsymbol{B}$ 构成的平面，朝着较小于180°的角度握向 $\boldsymbol{B}$ 的方向，大拇指的指向即为洛仑兹力方向。注意：$q\boldsymbol{v}$ 有正负。

2. 洛伦兹力的特点

（1）洛伦兹力永远垂直于电荷运动的速度方向，因此，洛伦兹力无法对运动电荷做功。洛伦兹力只改变电荷运动速度的方向和动量，而无法改变运动电荷的速率和动能。

（2）洛伦兹力的大小不仅与运动电荷的速度和磁感应强度有关，还与两者夹角的正弦有关。

当带电的离子在电场和磁场共存的空间中运动时，将受到电场力和磁场力的共同作用。此时运动电荷所受的力为

$$F=q(E+v\times B)$$

上式称为洛伦兹力公式。洛伦兹力公式的第一项为电荷在电场中所受的电场力，第二项为电荷在磁场中所受的力，即洛伦兹力。

例6.8　如图6.4.1所示为质谱仪的基本结构，其工作原理为：从离子源出来的正离子在电压为U的电场加速下，从狭缝中进入设有匀强磁场B的腔体内，在磁场作用下，撞击距离狭缝为x位置处的底片上。请根据上述条件，求出正离子的质量。

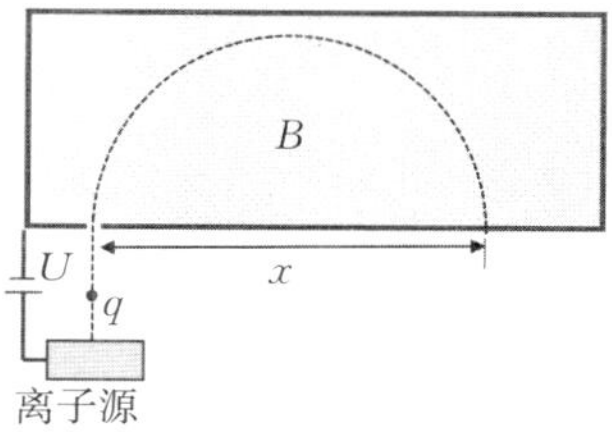

图6.4.1　例6.8用图

解　正离子在两个不同的空间环境（电场和磁场）中运动。在电场中运动时，正离子受到静电场力的作用而加速，因而改变了其原有速度，对于从离子源处出来没有动能的正离子而言，受到电场加速之后，即获得了新的速度（动能）。受电场加速之后，正离子将以某一速度进入匀强磁场，在磁场运动的过程，正离子受到洛伦兹力的作用。

假设正离子q从离子源出来时动能为零，经过电压为U的电场加速后，电场力对q做功，则有

$$qU=\frac{1}{2}mv^2-0$$

正离子q进入狭缝以后，受到洛仑兹力的作用，该力与速度方向垂直，不改变速度的大小，只改变速度的方向，因此

$$qvB=m\frac{v^2}{R}$$

可见，q在磁场腔室做半径为R的圆周运动，结合以上两式，则有

$$m=\frac{qB^2X^2}{8U}$$

拓展

（1）带电离子垂直进入均匀磁场。

由于洛仑兹力与电荷运动方向垂直，因此，带电粒子在磁场中做圆周运动，根据牛顿运动定律不难算出，带电粒子在匀

强磁场中做圆周运动的半径

$$R=\frac{mv}{qB}$$

周期

$$T=\frac{2\pi m}{qB}$$

有趣的是，带电粒子在匀强磁场中做圆周运动时，圆周运动的周期与其速率无关。回旋加速器就是利用此原理制造的。

(2) 带电粒子以非垂直的方式在匀强磁场中运动。

当带电离子以某一非正交的角度射入匀强磁场中时，可将带电粒子的速度分为两个分量，即与磁场 B 垂直的 $v_{\perp}$ 和与其平行的 $v_{/\!/}$。其中，垂直分量 $v_{\perp}$ 受洛仑兹力作用，使带电离子以 $v_{\perp}$ 做圆周运动，而平行分量 $v_{/\!/}$ 则不受力作用，使其仍做匀速直线运动，两个运动合成使带电离子的运动轨迹为螺旋线，如图6.4.2所示。此时，圆周运动的半径R应该为

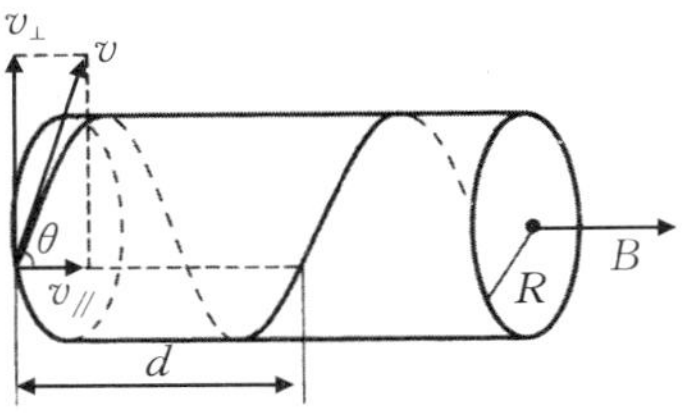

图6.4.2　螺旋运动

$$R=\frac{mv_{\perp}}{qB}$$

周期T因和电荷运动的速度无关，所以仍为

$$T=\frac{2\pi m}{qB}$$

运动电荷的螺距（在一个周期内运动的距离）为

$$S=v_{/\!/}T=v_{/\!/}\frac{2\pi m}{qB}$$

(3) 带电粒子在非匀强磁场中的运动。

当带电离子以某一非正交角度射入非匀强磁场中时，其速度同样可以分为与磁场 B 垂直的 $v_{\perp}$ 和与磁场 B 平行的 $v_{/\!/}$，与磁场 B 垂直的 $v_{\perp}$ 分量使其做圆周运动，而与磁场 B 平行的 $v_{/\!/}$ 则使其沿着磁场方向做直线运动，两个运动合成使带电离子在磁场中做螺旋运动。与匀强磁场不同的是，在非匀强磁场中，当 $v_{/\!/}$ 的方向指向磁场减弱的方向时，带电粒子在磁场中加速；当 $v_{/\!/}$ 的方向指向磁场增强的方向时，带电粒子在磁场中减速。因此，当带电粒子进入一个两端强、中间弱的非匀强磁场中，该带电粒子将在该磁场中来回振荡。

(4) 洛仑兹力还可能引起霍尔效应。

当载流导体放入磁场中时，导体中的载流子受到洛仑兹力的作用发生偏转，从而在垂直于磁场的方向上形成微弱的电势差，这一现象称为霍尔效应（Hall effect）。霍尔效应可用于测试导体中的载流子类型和浓度。

3. 安培定律

将载流导线放入磁场中时，磁场对载流导线会产生力的作用，将该力称为安培力。磁场对空间某点的电流元 $I\mathrm{d}\boldsymbol{l}$ 产生的安培力可以表示为

$$\mathrm{d}\boldsymbol{F}=I\mathrm{d}\boldsymbol{l}\times\boldsymbol{B}$$

其大小为

$$\mathrm{d}F=IB\sin\theta\mathrm{d}l$$

式中，θ 为 $I\mathrm{d}\boldsymbol{l}$ 和 $\boldsymbol{B}$ 的夹角，$\mathrm{d}\boldsymbol{F}$ 的方向可用矢量叉乘的右手螺旋定则判别。这一结论称为安培定律。

安培定律也可以根据力的叠加原理表示为积分形式：

$$\boldsymbol{F}=\int\mathrm{d}\boldsymbol{F}=\int I\mathrm{d}\boldsymbol{l}\times\boldsymbol{B}$$

积分的范围从电流的起点到终点。

例 6.9（**载流直导线所受的安培力**）　如图6.4.3所示，长为 L 的载流直导线放在无限长直导线的磁场 $\boldsymbol{B}$ 中，两导线相互平行、相距 d，试求载流直导线所受的安培力 $\boldsymbol{F}$。

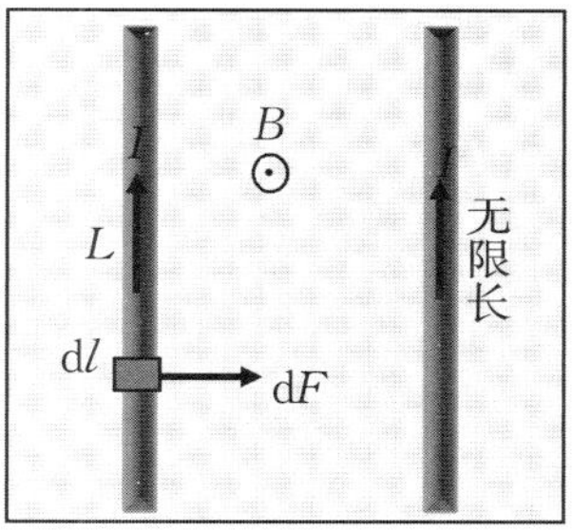

图6.4.3　例6.9用图

解　载流导线在磁场中所受的安培力为

$$\mathrm{d}\boldsymbol{F}=I\mathrm{d}\boldsymbol{l}\times\boldsymbol{B}$$

对于直导线而言，电流方向与匀强磁场方向垂直，导线上任意电流元 $I\mathrm{d}\boldsymbol{l}$ 所受的安培力的大小可表示为

$$\mathrm{d}F=IB\mathrm{d}l$$

直导线各点所受的安培力方向一致，因此，直导线所受安培力的大小可以直接叠加

$$F=\int\mathrm{d}F=\int_L IB\mathrm{d}l$$

由于两导线相互平行，无限长直导线在长为 L 的直导线各处产生的磁感应强度相同，由

$$B=\frac{\mu_0 I}{2\pi d}$$

因此

$$F=\int\mathrm{d}F=\int_L IB\mathrm{d}l=IBL=\frac{\mu_0 I^2 L}{2\pi d}$$

其方向水平向右。

讨论

（1）在匀强磁场 B 中，电流为 I、长为 L 的直导线所受的安培力的大小：

$$F=\int\mathrm{d}F=\int_L IB\mathrm{d}l=IBL=\frac{\mu_0 I^2 L}{2\pi d}$$

(2) 基于上述结果，在无限长直导线的电磁场中，单位长度的载流直导线所受的安培力的大小：

$$f=\frac{F}{L}=\frac{\mu_0 I^2}{2\pi d}$$

此式正是电流的定义：在真空中，距离无限长直导线为1 m的载流直导线单位长度所受的洛仑兹力为2×10^{-7} N，则导线中的电流定义为1 A。

(3) 我们可以进一步确定真空磁导率μ_0：

$$\mu_0=\frac{2\pi df}{I^2}=4\pi\times10^{-7}\ \mathrm{N/A^2}$$

例6.10（磁场对载流线圈的作用） 如图6.4.4所示，边长为d的矩形载流线圈，在定轴固定下放置于匀强磁场$\boldsymbol{B}$中，线圈中的电流为I，试求安培力在线圈上产生的力矩。

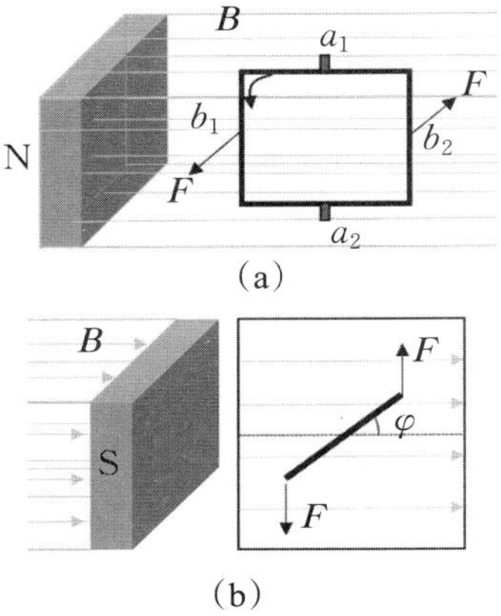

图6.4.4　例6.10用图

解　根据题意，矩形线圈在磁场中受到安培力作用，下面分别对矩形四条边所受的安培力进行计算。

a_1边和a_2边：直导线所受的力大小相等、方向相反且在同一条直线上，则

$$F=IBd\sin\theta$$

因此，合力与合力矩都等于零。

b_1边和b_2边：力的大小相等、方向相反，则

$$F=IBd$$

然而，b_1边和b_2边上的两个力并不在同一直线上，因此，每一个力以a_1边和a_2边的中垂线为轴产生的力矩大小为

$$M_1=F\frac{d}{2}\sin\varphi=IB\frac{d^2}{2}\sin\varphi$$

式中，$\frac{d}{2}\sin\varphi$为每一个力以a_1边和a_2边的中垂线为轴的力臂，则合力矩的大小为

$$M=2M_1=IBd^2\sin\varphi=BIS\sin\varphi$$

讨论

(1) 尽管例6.10计算的是安培力在矩形线圈上产生的力矩，然而，可以证明，匀强磁场$\boldsymbol{B}$中的任意闭合回路受安培力所产生的力矩的大小均可以表示为

$$M=BIS\sin\varphi$$

式中，B为磁感应强度大小，S为线圈面积，φ为线圈形成的平面与磁感应强度的夹角。引入磁矩$\boldsymbol{m}$，则有

$$\boldsymbol{m}=IS\sin\varphi\boldsymbol{n}$$

磁矩的大小为

$$m = IS\sin\varphi$$

其方向为线圈电流回路形成的平面法向 $\boldsymbol{n}$ 与磁感应强度的夹角。

重要概念回顾

1. 磁现象及其本质

（1）磁现象的本质。

一切磁现象都是由运动电荷产生的。

（2）磁场。

磁场是由运动电荷或者变化的电场产生的，是在电流、运动电荷、磁铁或变化电场的周围空间存在的一种物质。

（3）磁场的基本特性。

磁场会对放入其中的磁铁、通电导线、运动电荷产生磁力的作用。

2. 磁感应强度 B

磁感应强度 $\boldsymbol{B}$ 是用来定量描述通电导线周围的磁场的物理量，其大小为

$$B = \frac{\mathrm{d}F_{\max}}{I\mathrm{d}l}$$

其方向为

$$\mathrm{d}\boldsymbol{F}_{\max} = I\mathrm{d}\boldsymbol{l}\times\boldsymbol{B}$$

磁感应强度 $\boldsymbol{B}$ 的单位名称为牛顿/(安培·米)，符号为N/(A·m)。在国际单位制（SI）中，其单位名称为特斯拉，符号为T，即

$$1\ \mathrm{T} = 1\ \mathrm{N/(A\cdot m)}$$

3. 磁力线

和电场线一样，磁力线是根据磁场在空间中的分布特性引入的一系列假想的曲线。曲线的疏密程度代表电场的强弱，曲线切线方向代表电场的方向。与电力线不同的是，磁力线是无头无尾的闭合曲线。磁力线的方向与电流流向成右手螺旋关系。

4. 磁通量

穿过某个面 $\boldsymbol{S}$ 上的磁力线数称为磁通量，可以用公式表示为

$$\Phi = \int_S \boldsymbol{B}\cdot\mathrm{d}\boldsymbol{S}$$

磁通量的单位名称为韦伯，符号为Wb，1 Wb=1 T·m²。

5. **磁场的高斯定理**

磁场的高斯定理：穿过任意封闭曲面的磁通量等于零，表达式为

$$\oint_S \boldsymbol{B}\cdot \mathrm{d}\boldsymbol{S}=0$$

磁场中的高斯定理表明：磁场是一个无源场。

6. **电流元**

电流元 $I\mathrm{d}\boldsymbol{l}$ 是为了研究任意形状的电流周围激发磁场的规律而引入的一种只有电流忽略其形状和大小的电流基本单元。与元电荷 $\mathrm{d}q$ 一样，它是一种理想模型。电流元是矢量，其方向与电流元所在导线的电流流向一致。

7. **毕奥–萨法尔定律及其应用**

（1）毕奥–萨法尔定律的表达式为

$$\mathrm{d}\boldsymbol{B}=\frac{\mu_0}{4\pi}\frac{I\mathrm{d}\boldsymbol{l}\times \boldsymbol{r}_0}{r^2}$$

电流元 $I\mathrm{d}\boldsymbol{l}$ 周围激发的磁感应强度大小与 $I\mathrm{d}l\sin\theta$ 成正比（θ 是 $I\mathrm{d}\boldsymbol{l}$ 和 $\boldsymbol{r}_0$ 之间的夹角），与到电流元的距离的平方成反比。磁感应强度的方向垂直于 $I\mathrm{d}\boldsymbol{l}$ 和 $\boldsymbol{r}_0$ 形成的平面，遵守右手螺旋定则。

（2）磁感应强度的叠加原理。

总磁感应强度等于电流元激发的磁感应强度的矢量叠加，表达式为

$$\boldsymbol{B}=\int \mathrm{d}\boldsymbol{B}$$

（3）应用毕奥–萨法尔定律解题的步骤：

①选取电流元 $I\mathrm{d}\boldsymbol{l}$，并画出对应的磁感应强度 $\mathrm{d}\boldsymbol{B}$，并进行对称性分析；

②建立坐标系，并将磁感应强度 $\mathrm{d}\boldsymbol{B}$ 分解到坐标的各个方向，比如在直角坐标系中有 $\mathrm{d}B_x$、$\mathrm{d}B_y$ 和 $\mathrm{d}B_z$，并写出对应的表达式；在各个坐标方向对磁感应强度进行叠加 $B_x=\int \mathrm{d}B_x$、$B_y=\int \mathrm{d}B_y$ 和 $B_z=\int \mathrm{d}B_z$；

③磁感应强度的合成

$$\boldsymbol{B}=B_x\boldsymbol{i}+B_y\boldsymbol{j}+B_z\boldsymbol{k}$$

值得注意的是，磁感应强度的叠加原理并不仅限于以电流元为基本单元进行叠加。因此，磁感应强度的叠加原理可概括为：总磁感应强度等于电流基本元磁感应强度的矢量叠加。

孤立的载流电流单元的磁感应强度的叠加为

$$\boldsymbol{B}=\sum_{i=1}^{n}\boldsymbol{B}_i$$

载流导线中电荷连续分布的点电荷系的磁感应强度的叠加为

$$\boldsymbol{B}=\int \mathrm{d}\boldsymbol{B}$$

8. **安培环路定理**

安培环环路定理：磁感应强度沿着任意闭合环路 l 的线积分，等于真空磁导率 μ_0 乘以穿过环路 l 的所有电流的代数和，表达式为

$$\oint_l \boldsymbol{B}\cdot\mathrm{d}\boldsymbol{l}=\mu_0\sum_{i=1}^{n}I_{i内}$$

式中，当积分回路的方向与磁感应强度的方向夹角小于90°时，$I_{i内}$ 取正值，夹角大于90°时，$I_{i内}$ 取负值。

安培环路定理表明：磁场是有旋场。

9. **洛伦兹力**

$$\boldsymbol{F}=q\boldsymbol{v}\times\boldsymbol{B}$$

其大小为

$$F=qvB\sin\theta$$

式中，θ 为 $q\boldsymbol{v}$ 和 $\boldsymbol{B}$ 之间的夹角。洛仑兹力的方向通常采用矢量叉乘的右手螺旋定则进行判别：从 $q\boldsymbol{v}$ 的方向伸出右手四指，沿着 $q\boldsymbol{v}$ 和 $\boldsymbol{B}$ 构成的平面，朝着小于180°的角度握向 $\boldsymbol{B}$ 的方向，大拇指的方向即为洛仑兹力方向。

10. **安培定律**

磁场对放入其中的载流导线的力的作用称为安培力。磁场对位于空间某点的电流元$I\mathrm{d}\boldsymbol{l}$产生的安培力可以表示为

$$\mathrm{d}\boldsymbol{F}=I\mathrm{d}\boldsymbol{l}\times\boldsymbol{B}$$

其大小为

$$\mathrm{d}F=IB\sin\theta\mathrm{d}l$$

式中，θ 为 $I\mathrm{d}\boldsymbol{l}$ 和 $\boldsymbol{B}$ 的夹角，$\mathrm{d}\boldsymbol{F}$ 的方向可用矢量叉乘的右手螺旋定则判别。

思考题

1. 磁现象的本质是什么？

2. 磁感应强度是如何定义的？它与磁力线、磁通量有什么关系？

3. 比较点电荷的电场和电流源激发的磁场。

4. 什么是磁感应强度的叠加原理？

5. 磁场的高斯定理的内容是什么？它说明了磁场的什么性质？

6. 安培环路定理的内容是什么？它说明了磁场的什么性质？

7. 洛伦兹力和安培力是什么？它们之间有没有联系？

习　题

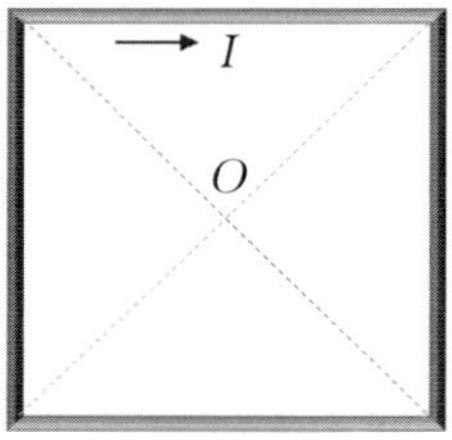

习题1图

1. 如习题1图所示，边长为l的正方形线圈中通有电流I，试求正方形的中心O处磁感应强度B。

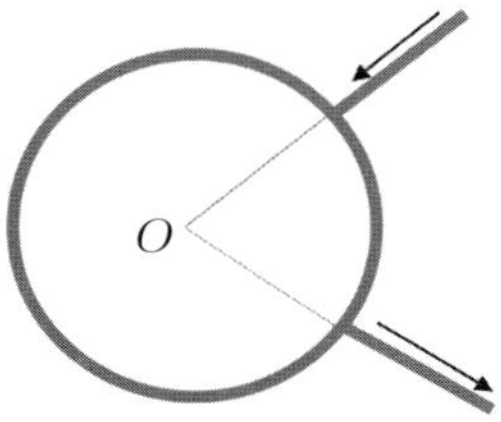

习题2图

2. 如习题2图所示，有两根直导线沿着半径方向接到半径为R的均匀圆环上，并与很远处的电源连接，求圆环导线中心的磁感应强度。

3. 已知密绕直螺旋管长度为d、电流为I，单位长度的匝数为N，试求螺线管中心处任意一点处的磁感应强度。

4. 设电流均匀流过无限大的导电平面，流过的电流面密度为J，求导体平面两侧的磁感应强度。

5. 一电子在$B=5\times10^{-3}$ T的磁场中做半径为$R=0.01$ m的螺旋运动，螺距$l=0.05$ m，则该电子的速度为多少？

6. 如习题6图所示，在无限长直导线内通有电流20 A，与导线共面的正方形中通有电流10 A，长直导线与正方形的距离为2 cm，正方形的边长为4 cm。求：

（1）导线对正方形每条边的作用力；

（2）正方形所受的合力矩为多少。

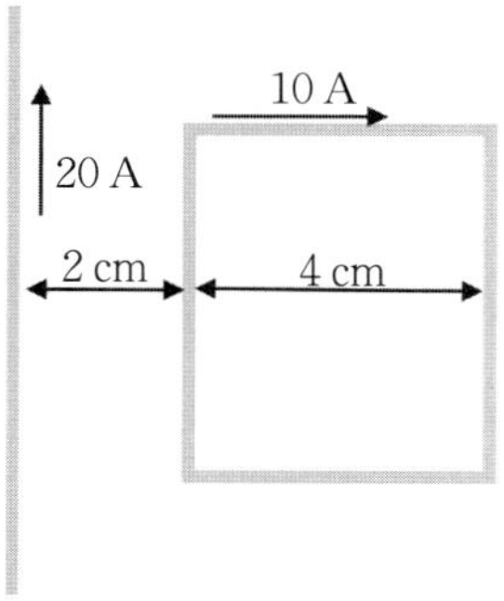

习题6图

*第7章　电磁感应

章首问题

电吉他是一种拨弦乐器。当配合效果器使用时，其具有很强的表现力，能够为音乐作品塑造出独特的风格，因此，在现代音乐中占有非常重要的位置。你知道电吉他的发声原理吗？

在第6章中，我们重点讨论了电流恒定的载流直导线周围的磁场，磁场对放入其中的运动电荷和载流直导线的作用力。本质上，载流直导线周围的磁场也是由运动电荷激发的。有趣的是，这一电磁行为的逆效应也是存在的，即磁场也能够在导体内部激发电动势，从而在闭合回路中形成电流。在本章中，我们对这种磁场激发电动势的物理规律进行学习和讨论。

7.1 电磁感应

7.1.1 电磁感应现象

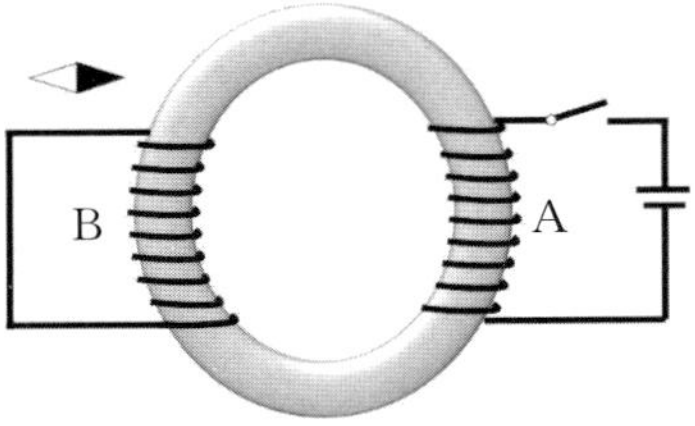

图7.1.1 电磁感应装置

从1822年起，法拉第便开始研究能否利用磁效应产生电流问题，经过近10年的不懈努力与探索，终于在1831年发现了电磁感应现象。如图7.1.1所示是发现电磁感应现象的“圆环实验”装置。该装置主要由软铁环、线圈A、线圈B，以及小磁针组成，线圈A和线圈B分别缠绕于软铁环的两侧。其中，线圈A形成闭合回路并在其中接有电源和开关，而线圈B则直接形成闭合回路，小磁针置于线圈B附近。根据实验，当线圈A中的开关处于闭合状态时，线圈B旁边的小磁针受到地磁场的影响而指向南北方向；当合上或断开线圈A中的开关时，线圈B附近的小磁针会发生偏转。这一实验结果表明，在电源开关开或关的瞬间，线圈B中产生了感应电流。随后，法拉第通过大量的实验发现，恒定电流、变化的电流或磁场、运动的磁铁，以及在磁场中运动的导体都能够在闭合回路中激发感应电流，并把这些现象称为电磁感应现象。为了更为深入形象地说明电磁感应现象，法拉第还进一步将电力线和磁力线等静态图像发展为动态图像，对电磁感应现象进行了描述，甚至将光和电磁现象进行了联系。从电力线和磁力线的角度来看，电磁感应现象是指当穿过闭合回路的磁通量发生变化时，回路中产生电流的现象。

电磁感应现象通常可描述为：闭合导体回路所围面积内的磁通量的变化，在回路中引发电流产生的现象。导体回路中产生的电流称为感应电流，回路中的电动势称为感应电动势。

7.1.2　电磁感应定律

在法拉第研究的电磁感应实验中，当回路的负载电阻增大时，对于相同的磁通量变化，回路中的感应电流会减小。这说明回路中的感应电流不仅与电磁感应现象有关，还与回路本身的负载电阻有关。因此，我们很难采用感应电流来描述电磁感应现象。

值得注意的是，当发生电磁感应现象时，尽管回路中的感应电流会随着回路的负载电阻发生变化，但对于相同的磁通量变化而言，两者的乘积却是一个与回路负载无关，只与磁通量的变化有关的固定值。我们知道，在电路中，电阻和流过其中的电流的乘积是施加于电阻的电压。因此，我们通常采用感应电动势这一概念来描述回路中的电磁感应现象。

1845年，诺埃曼将电磁感应现象描述为磁通量变化与感应电动势之间的定量关系，即法拉第电磁感应定律。其数学表达式为

$$\mathscr{E}=-\frac{\mathrm{d}\Phi}{\mathrm{d}t} \tag{7.1.1}$$

式（7.1.1）表明：当穿过闭合回路所围面积的磁通量发生变化时，回路中会产生感应电动势，且感应电动势等于磁通量对时间变化率的负值。在国际单位制中，电动势 $\mathscr{E}$ 的单位为伏特（V），磁通量 Φ 的单位为韦伯（Wb），时间 t 的单位是秒（s）。

1834年，楞次给出了直接判断感应电流方向的方法：闭合回路中的感应电流所激发的磁场总是阻碍闭合回路中磁通量的变化。这一结论称为楞次定律。

根据楞次定律，可以利用右手螺旋定则对感应电动势的方向进行判别：如图7.1.2所示，右手拇指垂直于四指方向竖起并指向磁通量变化的负方向（即抵抗磁通量的变化），握紧的四指的指向便是回路电流的方向，也就是电动势从负极指向正极的方向。

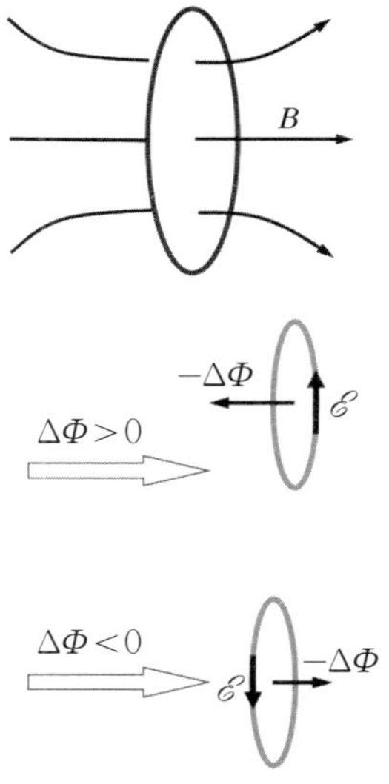

图7.1.2　感应电动势的方向

例7.1　如图7.1.3所示，在磁感应强度为B的均匀磁场中放置一矩形导体框，其电阻可忽略不计。现有一长为L的导体棒，以速度v在导体框上无摩擦滑动，试求回路中的感应电动势。

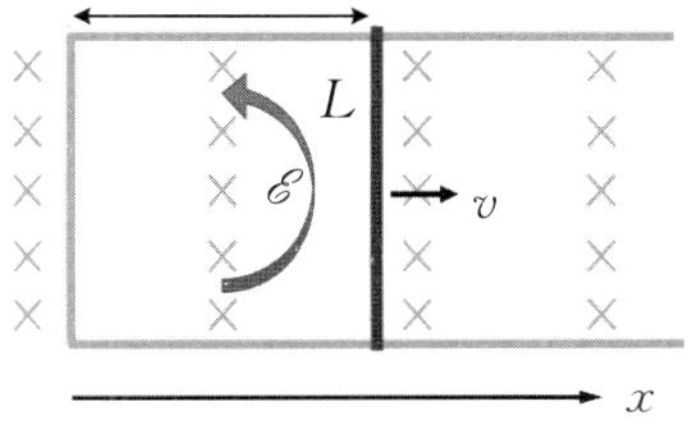

图7.1.3　例7.1用图

解　如图7.1.3所示，建立 x 坐标，则任意时刻导体回路中的磁通量 Φ 为

$$\Phi=BS=BLx$$

由法拉第电磁感应定律可得

$$\mathscr{E}=-\frac{\mathrm{d}\Phi}{\mathrm{d}t}=-BL\frac{\mathrm{d}x}{\mathrm{d}t}=-BLv$$

即回路中感应电动势大小为 BLv 。

当导体棒向右滑动时，回路中的磁通量增大，根据楞次定律可以利用右手螺旋定则判定回路中感应电动势的方向为逆时针方向。

讨论

根据法拉第电磁感应定律，本题中导体棒的滑动导致穿过闭合回路的磁通量发生变化，从而使回路中产生感应电动势。从计算结果可以看出，闭合回路中的感应电动势与回路中运动的导体棒密切相关，而与回路的其他部分无关。

例7.2 如图7.1.4所示，在磁感应强度为B的均匀磁场放置一开口导体圆环，圆环半径为R。一长为R的导体细棒绕圆环中心O在圆环上做无摩擦滑动，滑动过程中导体细棒与圆环之间形成扇形闭合回路，转动平面与磁场方向垂直，试求细棒角速度为ω时回路中的感应电动势。

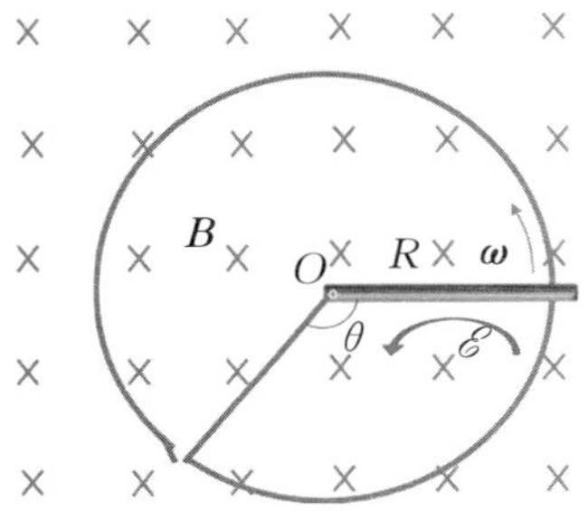

图7.1.4 例7.2用图

解 如图7.1.4所示，在细棒旋转的过程中，任意时刻导体回路中的磁通量Φ为

$$\Phi = BS = B\left(\frac{1}{2}\theta R^2\right)$$

由法拉第电磁感应定律可得

$$\mathscr{E} = -\frac{d\Phi}{dt} = -\frac{1}{2}BR^2\frac{d\theta}{dt} = -\frac{1}{2}BR^2\omega$$

即回路中感应电动势大小为$\frac{1}{2}BR^2\omega$，方向如图7.1.4所示。

讨论

与例7.1类似，在本题中，导体棒的运动导致穿过闭合回路的磁通量发生变化，从而使得回路中产生感应电动势。从计算结果看，闭合回路中的感应电动势与回路中运动的导体棒密切相关，而与回路的其他部分无关。

例7.3 如图7.1.5所示，长直导线中的电流$I = I_0\sin\omega t$，在距离导线为R处放一长为a、宽为b的矩形平面导体线圈，导线与矩形线圈共面，求矩形线圈中的感应电动势的大小。

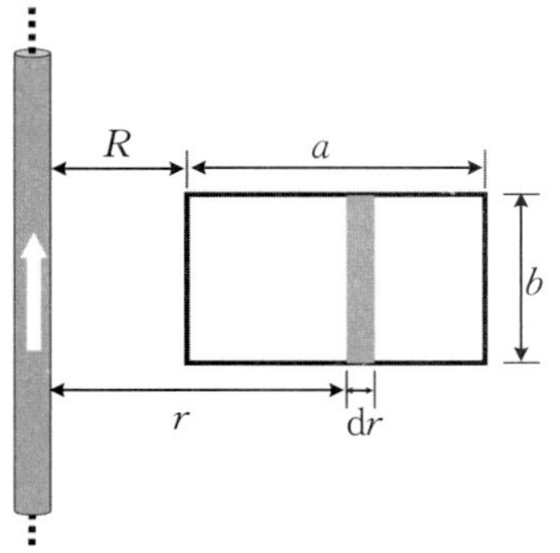

图7.1.5 例7.3用图

解 长直载流导线周围距离为r的任意一点的磁感应强度大小为

$$B = \frac{\mu_0 I}{2\pi r}$$

在本题中，由于电流$I = I_0\sin\omega t$并非恒定电流，因此，其周围的磁场也会随之发生变化，对应的磁感应强度大小可表示为

$$B = \frac{\mu_0 I_0}{2\pi r}\sin\omega t$$

如图7.1.5所示，在长直载流导线周围距离为r的任意一点取一矩形面元$\mathrm{d}s$，有

$$\mathrm{d}s=b\mathrm{d}r$$

则穿过该面元的磁通量为

$$\begin{aligned}\mathrm{d}\Phi&=B\mathrm{d}s=Bb\mathrm{d}r\\&=\frac{\mu_0 I_0 b}{2\pi r}\sin(\omega t)\mathrm{d}r\end{aligned}$$

穿过整个矩形回路中的磁通量为

$$\begin{aligned}\Phi&=\int\mathrm{d}\Phi=\int_R^{R+a}\frac{\mu_0 I_0 b}{2\pi r}\sin(\omega t)\mathrm{d}r\\&=\frac{\mu_0 I_0 b\sin(\omega t)}{2\pi}\ln\frac{R+a}{R}\end{aligned}$$

矩形导体回路中的感应电动势大小为

$$|\mathscr{E}|=\left|-\frac{\mathrm{d}\Phi}{\mathrm{d}t}\right|=\frac{\mu_0 I_0 b\omega\cos(\omega t)}{2\pi}\ln\frac{R+a}{R}$$

讨论

在本题中，磁通量的变化是由于磁感应强度的变化引起的。有趣的是，导体回路均放置于变化磁场之中，这会导致四段导体回路均能够产生感应电动势，与之相对应的是，当$a=0$（或$b=0$）时，回路中的感应电动势为零，即矩形导体回路形成的电动势与回路a和b均有关系。

例7.1~7.3采用法拉第电磁感应定律计算了闭合导体回路中激发出的感应电动势。不难发现，例题中改变闭合回路中的磁通量的方式不尽相同。其中，例7.1和例7.2通过改变导体回路的面积来实现回路中磁通量的变化，例7.3则是通过磁场的周期性变化来实现回路中磁通量的变化。我们也注意到，在例7.1和例7.2中，回路中的感应电动势仅与导体回路中运动的部分有关；而在例7.3中，回路中的感应电动势则与放置于变化磁场中的导体回路有关：这是在导体回路中激发出感应电动势的两种不同方式。

7.2　动生电动势和感生电动势

法拉第电磁感应定律描述了磁通量变化与闭合导体回路中所激发的感应电动势之间的定量关系。根据法拉第电磁感应定律

$$\mathscr{E}=-\frac{\mathrm{d}\Phi}{\mathrm{d}t}=-\frac{\mathrm{d}\left(\int\boldsymbol{B}\cdot\mathrm{d}\boldsymbol{S}\right)}{\mathrm{d}t}\tag{7.1.2}$$

为了便于讨论，我们考虑均匀磁场$\boldsymbol{B}$穿过平面$\boldsymbol{S}$的情况（磁场均匀分布时，$\Phi=\boldsymbol{B}\cdot\boldsymbol{S}$）

$$\begin{aligned}\mathscr{E}&=-\frac{\mathrm{d}\Phi}{\mathrm{d}t}=-\frac{\mathrm{d}(\boldsymbol{B}\cdot\boldsymbol{S})}{\mathrm{d}t}\\&=\left(-\boldsymbol{B}\cdot\frac{\mathrm{d}\boldsymbol{S}}{\mathrm{d}t}\right)+\left(-\boldsymbol{S}\cdot\frac{\mathrm{d}\boldsymbol{B}}{\mathrm{d}t}\right)\\&=\mathscr{E}_{动}+\mathscr{E}_{感}\end{aligned}\tag{7.1.3}$$

式（7.1.3）中，$-B\cdot\frac{\mathrm{d}S}{\mathrm{d}t}$ 与磁场中闭合回路面积变化引起的感应电动势相对应，称为动生电动势 $\mathscr{E}_{动}$；$-S\cdot\frac{\mathrm{d}B}{\mathrm{d}t}$ 与磁场改变引起的感应电动势相对应，称为感生电动势 $\mathscr{E}_{感}$。式（7.1.3）表明：通过改变磁场或者闭合回路面积的方法，都可以实现改变闭合回路中的磁通量，从而在导体中激发出感应电动势。在本小节中，我们分别对动生电动势 $\mathscr{E}_{动}$ 和感生电动势 $\mathscr{E}_{感}$ 进行讨论。

1. **电动势**

在静电场的学习中，我们已经知道，静电场沿着任意闭合回路的线积分一定等于零，即

$$\oint \boldsymbol{E}\cdot\mathrm{d}\boldsymbol{l}=0$$

这就是静电场的环路定理。静电场的环路定理表明：静电场是一个无旋场。

为了更好地理解动生电动势和感生电动势的概念，我们先详细介绍电源电动势的概念。电源的基本工作原理如图7.2.1所示，当在电源的正极和负极之间用导线连接构成闭合回路时，电流将在闭合回路中流动。电流在闭合回路中流动时，是力对电荷做功的过程，静电场力对其中的电荷做功，使电荷从高电势点流向低电势点。由于静电场是无旋场，仅仅依靠静电场力无法让处于低电势点的电荷重新回到高电势点。这就意味在闭合回路中，对电荷做功的力并不完全是静电场力。

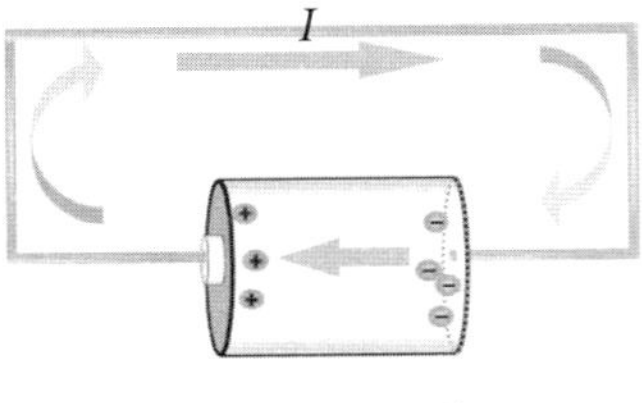

图7.2.1 电源基本工作原理示意图

为了便于讨论，我们可以把闭合回路分为两个部分：电源内部和导线。把闭合回路中的电荷输运也分为两个部分：电源外部导线中的电荷输运和电源内部的电荷输运。根据静电场的环路定理，可以表示为

$$\int_{导线}\boldsymbol{E}\cdot\mathrm{d}\boldsymbol{l}+\int_{电源}\boldsymbol{E}\cdot\mathrm{d}\boldsymbol{l}=0$$

假设正电荷的定向移动形成电流，可以看到，正电荷从电源的正极沿着导线到负极的过程电场力做正功，而从电源内部负极到正极的过程电场力做负功。这意味着电流在导线部分的移动可以通过静电力来维持，而在电源内部则是通过非静电力来实现电流的流动，即非静电力克服电场力做功实现电源内部负极向正极的电流。通常，我们把单位正电荷从电源内部负极移动到正极时，非静电力 $\boldsymbol{K}$ 所做的功称为电源的电动势，用数学公式表示为

$$\mathscr{E}_{电源}=\int_{电源}\boldsymbol{K}\cdot\mathrm{d}\boldsymbol{l}$$

2. **动生电动势**

动生电动势是导体在磁场中运动在导体或导体回路内激发出的感应电动势。根据第6章所学的内容，我们知道，当导体在

磁场中运动时，导体内部的传导电荷必然会受到洛伦兹力作用并发生定向移动，从而在导体内形成动生电动势。因此，不难判断，动生电动势是由洛伦兹力作为非静电力对传导电荷做功的结果。图7.2.2为运动的导体棒激发出动生电动势的原理示意图，长为L的导体棒在垂直纸面向里的磁场中以速度v向右运动。根据洛伦兹力公式，导体棒内电量为q的电荷所受的洛伦兹力可表示为$F = qv \times B$。导体棒内的电荷在洛伦兹力的作用下发生定向移动，并堆积在导体棒的两端。值得注意的是，堆积的电荷会在导体内部形成电场，电场同样会对电荷施加力的作用，其方向与洛伦兹力的方向相反。随着导体棒两端堆积的电荷越来越多，电荷所受的电场力也会不断增加，最终，运动的导体棒中的电荷在洛伦兹力和电场力的共同作用下达到平衡，即$qv \times B = qE$。在平衡的状态下，导体棒的两端具有稳定的电势差。当用导线连接导体棒两端时，由于电势差的存在，导体棒一端电荷通过导线流向另一端，使得导体内部的电场强度减小，导致导体内部电荷所受的洛伦兹力大于电场力，即$qv \times B > qE$，这使得洛伦兹力能够不断地使导体内部的电荷在导体内发生定向移动，并在导体两端聚集，从而使导体棒能够在闭合回路中充当电源的作用。可见，洛伦兹力充当了非静电力的角色对运动导体棒内的电荷做功，从而形成了动生电动势。

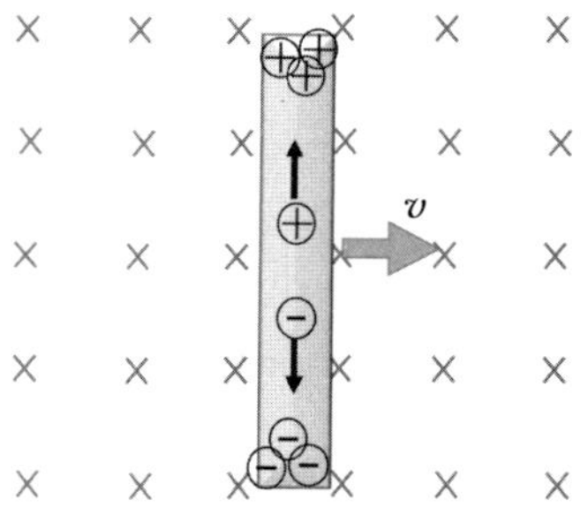

图7..2.2　动生电动势原理

根据电动势的定义，动生电动势可用数学公式表示为

$$\mathscr{E}_{动} = \int \boldsymbol{K} \cdot \mathrm{d}\boldsymbol{l} = \int \frac{\boldsymbol{F}}{q} \cdot \mathrm{d}\boldsymbol{l}$$

$$= \int (\boldsymbol{v} \times \boldsymbol{B}) \cdot \mathrm{d}\boldsymbol{l} \tag{7.2.1}$$

即动生电动势等于导体内单位正电荷在洛伦兹力作用下所做的功。

根据上述分析，我们可以看到，动生电动势是由于运动导体棒内部的载流电荷受洛伦兹力的结果。显然，当导体棒对于磁场无相对运动时，导体棒内的电荷所受洛伦兹力为零，导体棒内部无法产生动生电动势。换句话说，动生电动势仅仅在运动导体内部产生。在7.1节的例7.1和例7.2中，闭合回路中的感应电动势与回路中运动的导体棒密切相关，而与回路的其他部分无关，这正是运动导体棒内部的电荷受到洛伦兹力作用而形成动生电动势的结果。

我们知道，洛伦兹力永远垂直于在磁场中运动的电荷速度方向，从而无法对运动电荷做功。洛伦兹力做功形成动生电动势与这一结论并不矛盾。应该注意到，洛伦兹力势必让传导电荷在平行于导体的方向发生运动，从而会形成新的洛伦兹力。综合考虑，总的洛伦兹力必然与导体内传导电荷的运动方向垂直。

例 7.4 如图 7.2.3（a）所示，长为R的导体细棒绕一端O点在匀强磁场B中匀速转动，角速度为$\boldsymbol{\omega}$，细棒的转动平面与磁场方向垂直，试求细棒两端的电势差。

解 根据题意，当导体细棒在磁场中转动时，导电棒中的传导电荷受洛伦兹力作用，从而激发出感应电动势。因此，本题可以采用动生电动势定义和法拉第电磁感应定律两种方法进行求解。

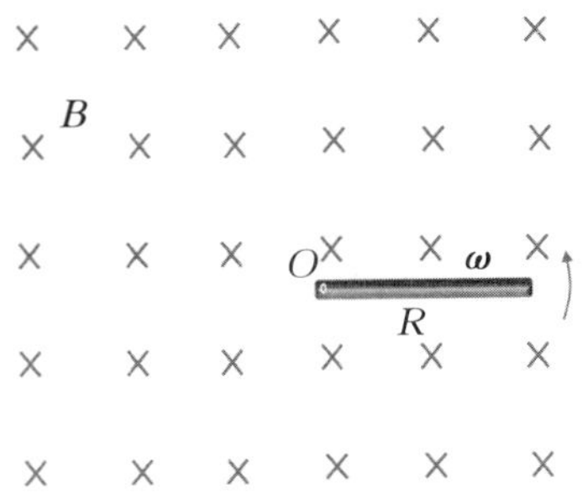

(a) 感生电动势定义法

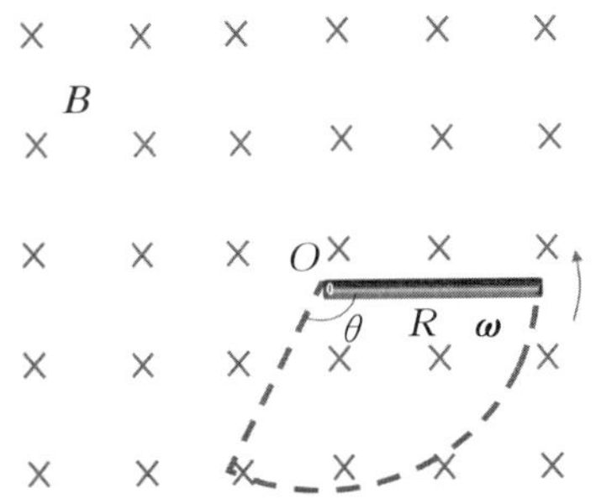

(b) 法拉第电磁感应定律法

图7.2.3 例7.4用图

方法一：根据动生电动势定义计算。

在导体棒上选取任意一点，该点与O点的距离为R，长度为$\mathrm{d}l$，则该点在磁场中做圆周运动，速度的大小为

$$v=R\omega$$

其方向为圆周运动轨道的切向。

$\boldsymbol{v}$和$\boldsymbol{B}$相互垂直，即$\boldsymbol{v}\times\boldsymbol{B}$的大小等于$BR\omega$，方向沿着半径指向圆心$O$点。

根据动生电动势的定义，选取沿半径向外的方向为正方向，

$$\begin{aligned}\mathscr{E}_{动}&=\int_0^R(\boldsymbol{v}\times\boldsymbol{B})\cdot\mathrm{d}\boldsymbol{l}\\&=-\int_0^R BR\omega\mathrm{d}l\\&=-\frac{1}{2}B\omega R^2\end{aligned}$$

所以细棒两端的感应电动势的大小为$\frac{1}{2}B\omega R^2$，方向沿着导体棒从外指向O点。

方法二：根据法拉第电磁感应定律计算。

在前面的学习中，我们已经知道，动生电动势只跟回路中运动的导体有关，与导体棒是否形成闭合回路无关。根据这一结论，我们能够通过构建辅助线，使运动的导体形成闭合回路，从而进一步采用法拉第电磁感应定律求解。

如图7.2.3（b）所示，作辅助线，使导体棒与辅助线形成闭合回路，则任意时刻闭合回路所穿过的磁通量为

$$\Phi=BS=B\left(\frac{1}{2}\theta R^2\right)$$

由法拉第电磁感应定律可得

$$\mathscr{E}_{动}=-\frac{\mathrm{d}\Phi}{\mathrm{d}t}=-\frac{1}{2}BR^2\frac{\mathrm{d}\theta}{\mathrm{d}t}=-\frac{1}{2}B\omega R^2$$

即细棒的电势差为$\frac{1}{2}BR^2\omega$，方向沿着导体棒从外指向O点。

例7.5 如图7.2.4所示，长为L的导体棒与一通有恒定电流I的长直导线共面，长直导线与导体棒近端的距离为L。当细棒以速度$\boldsymbol{v}$沿着电流的方向平动，试求棒内的动生电动势。

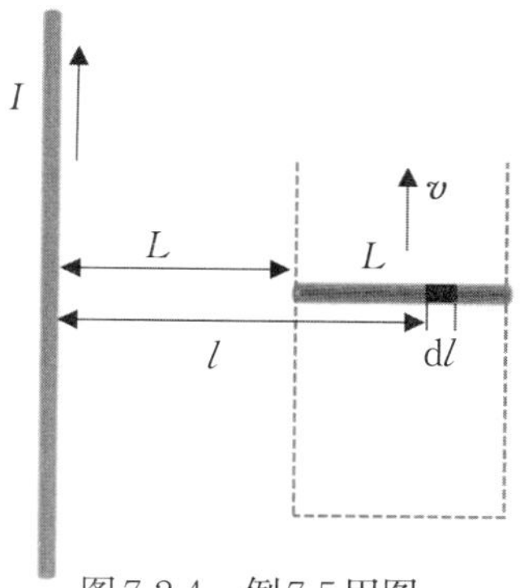

图7.2.4 例7.5用图

解 根据题意，无限长直导线在导体棒的转动平面所激发的磁场为非匀强磁场，在离直导线距离为l处，磁感应强度大小可表示为

$$B=\frac{\mu_0 I}{2\pi l}$$

磁感应强度是空间变量的函数，磁感应强度的方向垂直于纸面向内，与导体棒旋转的平面垂直。

方法一：根据动生电动势定义计算。

在导体棒上选取任意一点，该点与直导线的距离为l，长度为$\mathrm{d}l$，则该点在磁场中做直线运动，速度大小为v。$\boldsymbol{v}$和$\boldsymbol{B}$相互垂直，即$\boldsymbol{v}\times\boldsymbol{B}$的大小等于$Bv$，方向沿着导体棒指向通电导线。

根据动生电动势定义，以通电导线作为参考，选取沿导体棒向右方向为正方向，则有

$$\begin{aligned}\mathscr{E}_{动}&=\int_L^{2L}(\boldsymbol{v}\times\boldsymbol{B})\cdot\mathrm{d}\boldsymbol{l}=-\int_L^{2L}Bv\mathrm{d}l\\&=-\int_L^{2L}\frac{\mu_0 Iv}{2\pi l}\mathrm{d}l=-\frac{\mu_0 Iv}{2\pi}\int_L^{2L}\frac{1}{l}\mathrm{d}l\\&=-\frac{\mu_0 Iv}{2\pi}\ln 2\end{aligned}$$

所以棒内的感应电动势的大小为$\frac{\mu_0 Iv}{2\pi}\ln 2$，方向向左。

方法二：根据法拉第电磁感应定律计算。

如图7.2.4所示，作辅助线（导线），使导体棒和导线构成闭合回路，则任意时刻穿过闭合回路的磁通量为

$$\varPhi=\int\mathrm{d}\varPhi=\int_L^{2L}\frac{\mu_0 I_0 y}{2\pi r}\mathrm{d}l=\frac{\mu_0 I_0 y}{2\pi}\ln 2$$

由法拉第电磁感应定律可得，回路中的动生电动势大小为

$$\left|\mathscr{E}_{动}\right|=\left|-\frac{\mathrm{d}\varPhi}{\mathrm{d}t}\right|=\frac{\mu_0 I_0\ln 2}{2\pi}\frac{\mathrm{d}y}{\mathrm{d}t}=\frac{\mu_0 Iv}{2\pi}\ln 2$$

例7.6 如图7.2.5所示，面积为S的N匝平面矩形线圈$abcd$以角速度$\boldsymbol{\omega}$绕OO'在匀强磁场$\boldsymbol{B}$中转动，求线圈中的感应电动势。

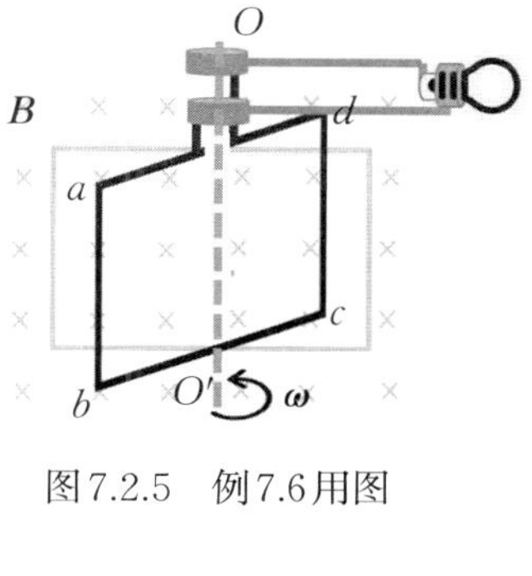

图7.2.5 例7.6用图

解 在本题中，回路中的电动势是由矩形线圈运动切割磁力线形成的，可采用法拉第电磁感应定律或动生电动势定义进行求解。

方法一：用动生电动势定义计算。

在旋转的过程中，导线ab段和cd段的位置可以分为两种情

况：ab在外侧、cd在内侧和ab在内侧、cd在外侧。

我们先对ab在外侧、cd在内侧的情况进行分析。分别求出矩形线圈$abcd$各条边上的动生电动势，由动生电动势的定义，ab边的动生电动势$\mathscr{E}_{ab}$为

$$\begin{aligned}\mathscr{E}_{ab}&=\int_a^b(\boldsymbol{v}\times\boldsymbol{B})\cdot\mathrm{d}\boldsymbol{l}\\&=-\int_a^b B\frac{1}{2}\overline{bc}\omega\sin(\omega t)\mathrm{d}l\\&=-\frac{1}{2}B\omega\overline{bc}\cdot\overline{ab}\cos(\omega t)\end{aligned}$$

cd边的动生电动势$\mathscr{E}_{ab}$为

$$\begin{aligned}\mathscr{E}_{cd}&=\int_c^d(\boldsymbol{v}\times\boldsymbol{B})\cdot\mathrm{d}\boldsymbol{l}\\&=-\int_c^d B\frac{1}{2}\overline{bc}\omega\sin(\omega t)\mathrm{d}l\\&=-\frac{1}{2}B\omega\overline{bc}\cdot\overline{ab}\cos(\omega t)\end{aligned}$$

ad和bc边的动生电动势为零，即

$$\mathscr{E}_{ad}=\mathscr{E}_{bc}=0$$

因此，回路中的动生电动势大小为

$$\begin{aligned}\mathscr{E}_{动}&=\mathscr{E}_{ab}+\mathscr{E}_{\mathrm{cd}}+\mathscr{E}_{ad}+\mathscr{E}_{bc}\\&=-B\omega\overline{bc}\cdot\overline{ab}\cdot\cos(\omega t)\\&=-B\omega S\cos(\omega t)\end{aligned}$$

其方向为b指向a，d指向c，即$badc$。

ab在内侧、cd在外侧的情况可进行类似分析，此时回路中的动生电动势与第一种情况的大小相同，反向相反。

方法二：根据法拉第电磁感应定律计算。

根据题意，任意时刻穿过闭合回路的磁通量为

$$\Phi=\boldsymbol{B}\cdot\boldsymbol{S}=BS\cos\theta$$

其中，θ为$\boldsymbol{B}$和$\boldsymbol{S}$法向之间的夹角，经过t时间后，矩形线圈的角位移为$\boldsymbol{\omega}t$，θ和$\boldsymbol{\omega}t$之间互余，因此

$$\Phi=BS\cos\theta=BS\sin(\omega t)$$

由法拉第电磁感应定律可得，回路中的动生电动势大小为

$$\left|\mathscr{E}_{动}\right|=\left|-\frac{\mathrm{d}\Phi}{\mathrm{d}t}\right|=BS\frac{\mathrm{d}\sin(\omega t)}{\mathrm{d}t}=BS\omega\cos(\omega t)$$

讨论

例7.6我们采用两种不同的方法对动生电动势进行计算，计算结果完全一致。事实上，本题描述了交流发电机的基本工作原理：通过导体线圈在磁场中切割磁力线运动，形成动生电动势。

3. 感生电动势

实验表明，变化的磁场也能够在导体中激发出感应电动势，即感生电动势。从形成过程来看，感生电动势与变化的磁场有关，而动生电动势是导体在磁场中运动形成的。从起因来看，根据前面的学习，我们知道，动生电动势是由于导体切割磁力线运动时，部分洛伦兹力对电荷做功的结果。然而，对于感生电动势而言，导体并未做切割磁力线运动，洛伦兹力并未做功。可见，感生电动势的起因与动生电动势的完全不同。

为了揭示感生电动势的本质，1861年英国物理学家麦克斯韦提出了一个大胆的假设。他认为，变化的磁场在其周围会激发一种电场，这种电场称为感生电场（induced electric field），用$E_{感}$表示。引入感生电场的概念之后，感应电动势可以表示为

$$E_{感}=\int \boldsymbol{K}\cdot \mathrm{d}\boldsymbol{l}=\int E_{感}\cdot \mathrm{d}\boldsymbol{l}$$

即感应电动势等于单位正电荷受感应电场作用发生位移所做的功。对于感应电动势而言，感生电场$E_{感}$对电荷的作用力充当非静电力对电荷做功。值得注意的是，尽管感生电场能够对电荷产生力的作用，但它与静电场并不完全相同。

例7.7　如图7.2.6所示，均匀分布磁场随时间以$\frac{\mathrm{d}B}{\mathrm{d}t}=k$的速率变化，磁场中有一半径为$R$的铜环，试求铜环内部的感生电动势。

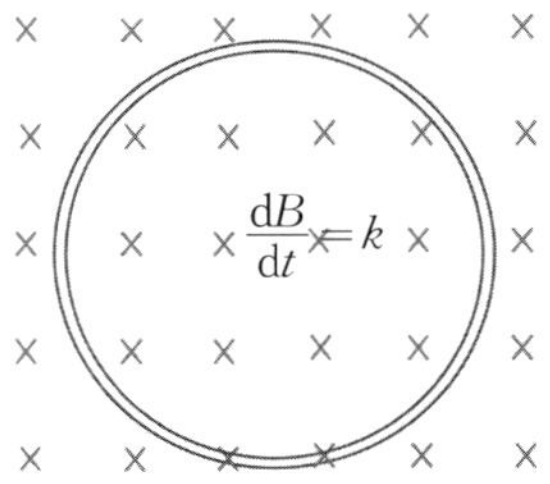

图7.2.6　例7.7用图

解：铜环内部所穿过的磁通量为

$$\Phi=BS=B\pi R^2$$

根据法拉第电磁感应定律

$$\mathscr{E}_{感}=-\frac{\mathrm{d}\Phi}{\mathrm{d}t}=-\frac{\mathrm{d}(B\pi R^2)}{\mathrm{d}t}=-\pi R^2\frac{\mathrm{d}B}{\mathrm{d}t}=-\pi kR^2$$

即铜环内的感生电动势的大小为πkR^2。

讨论

铜环内的感生电动势意味着感生电场$E_{感}$会对铜环内的电荷做功。根据感生电动势的定义，当环内电子绕环运动一周时，感生电场对电子产生的非静电力所做的功为

$$W=-e\mathscr{E}_{感}=-e\oint E_{感}\cdot \mathrm{d}\boldsymbol{l}=e\pi kR^2$$

上式可以进一步化简为

$$\oint E_{感}\cdot \mathrm{d}\boldsymbol{l}=\pi kR^2\neq 0$$

可以看出，感应电场$E_{感}$与静电场$E_{静}$有着本质的差异。我们知道，静电场$E_{静}$沿着任意路径的积分一定等于零，即静电场是无旋场；而对于感应电场$E_{感}$而言，这一结论不再成立。

对于更为一般的情况，感应电场 $E_{感}$ 满足：

$$\mathscr{E}_{感}=\oint E_{感}\cdot \mathrm{d}\boldsymbol{l}=-\int\frac{\partial \boldsymbol{B}}{\partial t}\cdot \mathrm{d}\boldsymbol{S}$$

对于均匀磁场 B 穿过平面 S 的情况：

$$\mathscr{E}_{感}=\oint E_{感}\cdot \mathrm{d}\boldsymbol{l}=-\boldsymbol{S}\cdot\frac{\mathrm{d}\boldsymbol{B}}{\mathrm{d}t}$$

即感生电场 $\boldsymbol{E}_{感}$ 的环流等于环流所包围的面积与该区域内的磁通量变化率乘积的负值。这一结论不仅体现了变化的磁场产生感应电场，还进一步反映出感生电场嵌套着变化的磁场形成闭合回路，感生电场是有旋场。

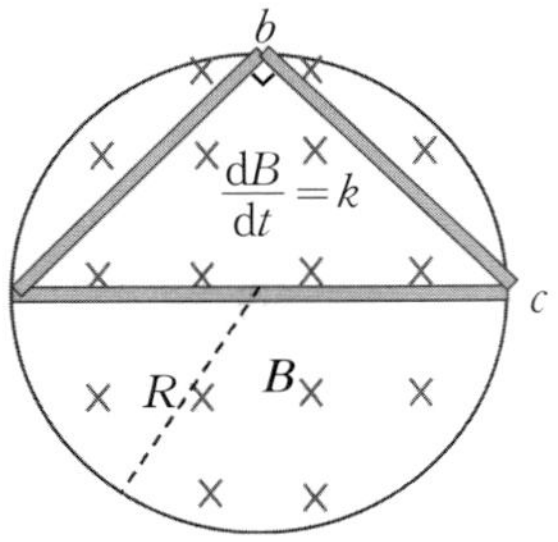

图7.2.7　例7.8用图

例7.8　如图7.2.7所示，在无限长螺线管中均匀分布变化的磁场，磁场以速率 $k=\frac{\mathrm{d}B}{\mathrm{d}t}$ 变化（$k>0$，且为常量），方向与螺线管轴线平行。现在其中放置导线 ab 、bc 和 ac ，其中 ab 和 bc 相互垂直。已知螺线管截面半径为 R，试求：

（1）螺线管内外任意一点的感生电场；

（2）ab 段导线中的感生电动势。

解　（1）由于系统具有轴对称性，可求出感生电场。

螺旋管内（$r<R$）：在磁场中取圆心为 O、半径为 r 的圆周，根据感生电场与变化磁场之间的关系：

$$\oint_L E_{感}\cdot \mathrm{d}\boldsymbol{l}=-\int_S\frac{\partial \boldsymbol{B}}{\partial t}\cdot \mathrm{d}\boldsymbol{S}$$

可得

$$E_{感}\cdot 2\pi r=-\pi r^2\frac{\mathrm{d}B}{\mathrm{d}t}=-\pi r^2 k$$

$$E_{感}=-\frac{r}{2}k\quad(r<R)$$

螺旋管外（$r>R$）：在磁场中取圆心为 O、半径为 r 的圆周，根据感生电场与变化磁场之间的关系

$$\oint_L E_{感}\cdot \mathrm{d}\boldsymbol{l}=-\int_S\frac{\partial \boldsymbol{B}}{\partial t}\cdot \mathrm{d}\boldsymbol{S}$$

可得

$$E_{感}\cdot 2\pi r=-\pi R^2\frac{\mathrm{d}B}{\mathrm{d}t}=-\pi R^2 k$$

$$E_{感}=-\frac{R^2}{2r}k\quad(r>R)$$

可以判定感生电场的方向为逆时针方向。

值得注意的是，感生电场起源于无限长螺线管中磁场的变化，与螺线管内部是否放置导体棒无关。

（2）求感生电动势。

方法一：根据法拉第电磁感应定律计算。

在回路 abc 中，穿过回路所围面积的磁通量为

$$\Phi = -BS = -BR^2$$
$$\mathscr{E}_{感} = -\frac{d\Phi}{dt} = -R^2\frac{dB}{dt} = -R^2 k$$
$$\mathscr{E}_{感} = \mathscr{E}_{ab} + \mathscr{E}_{bc} + \mathscr{E}_{ca} = 2\mathscr{E}_{ab}$$

所以

$$2\mathscr{E}_{ab} = -R^2 k$$
$$\mathscr{E}_{ab} = -\frac{1}{2}R^2 k$$

其方向由b指向a。

方法二：根据感生电场力做功求解。由于（1）中已求出$E_{感}$，因此，由感生电场力做功可求得感生电动势。由感生电场的对称性可得，ab和bc直导线中的感生电动势一致，因此

$$\mathscr{E}_{ab} = \mathscr{E}_{bc} = \int_a^b E_{感} \cdot d\boldsymbol{l} = \int_a^b \frac{r}{2}k\cos\theta dl = \frac{1}{2}R^2 k$$

例7.9　如图7.2.8所示，真空中有交变圆形磁场B，变化速率满足$\frac{dB}{dt}$，某一时刻若用电子枪把电子沿切线方向从圆形磁场的边沿射入磁场中。若要使电子在磁场中以固定的半径做圆周运动，试问该磁场应该满足什么条件？

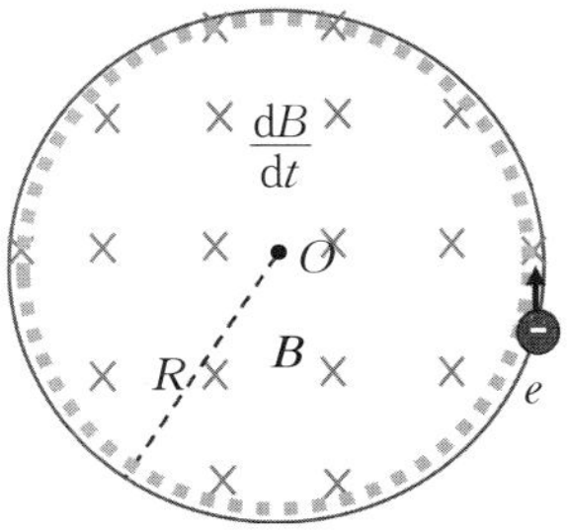

图7.2.8　例7.9用图

解　根据题意，在空间中存在的圆形磁场的强度随时间发生变化，在其周围激发出感生电场$E_{感}$。因此，当电子射入圆形磁场时，不仅要考虑磁场对其的洛伦兹力作用，还要考虑感生电场对其的作用。为了方便计算，先求出感生电场$E_{感}$。

在磁场中取圆心为O、半径为R的圆周，根据感生电场与变化磁场之间的关系

$$\oint_L E_{感} \cdot d\boldsymbol{l} = -\int_S \frac{\partial \boldsymbol{B}}{\partial t} \cdot d\boldsymbol{S}$$

又根据题意可得

$$E_{感} \cdot 2\pi R = -\pi R^2 \frac{dB}{dt}$$

化简得

$$E_{感} = -\frac{R}{2}\frac{dB}{dt}$$

感生电场的方向与磁场变化的方向相反。

电子在磁场中将同时受感生电场和洛伦兹力的作用。其中，电场力F_e的大小为

$$eE_{感} = -\frac{eR}{2}\frac{dB}{dt}$$

洛伦兹力的大小为

$$evB_R = m\frac{v^2}{R}$$

感生电场使电子的速率发生变化，而洛伦兹力改变电子的运动方向，使其做圆周运动。因此，根据题意，要使电子按固

定的轨道做圆周运动，需满足

$$R=\frac{mv}{eB_R}=\text{常数}$$

即

$$mv=eRB_R$$

在电场力的作用下，电子的动量（mv）必然发生变化。根据上式，要使电子运动轨道不变，需满足 mv 随时间变化率为电子轨道所处的磁场 B_R 变化率的 eR 倍，即对上式两边同时求导得

$$\frac{\mathrm{d}(mv)}{\mathrm{d}t}=eR\frac{\mathrm{d}B_R}{\mathrm{d}t}$$

需要注意的是，此处 mv 为动量大小，是标量。

左边：$\dfrac{\mathrm{d}(mv)}{\mathrm{d}t}=\dfrac{m\mathrm{d}v}{\mathrm{d}t}=ma_\tau=F_\tau=F_e=\dfrac{eR}{2}\dfrac{\mathrm{d}B}{\mathrm{d}t}$

因此

$$\frac{eR}{2}\frac{\mathrm{d}B}{\mathrm{d}t}=eR\frac{\mathrm{d}B_R}{\mathrm{d}t}$$

化简得

$$\frac{\mathrm{d}B_R}{\mathrm{d}t}=\frac{1}{2}\frac{\mathrm{d}B}{\mathrm{d}t}$$

这意味着电子轨道所处位置的磁场 B_R 应当为总磁场 B 的一半。

事实上，本题所述的电子在磁场中的运动正是电子感应加速器（electron induced accelerator）的基本原理。本题的结果正是电子感应加速装置的设计依据。

7.3 自感和互感

1. 自感现象和自感电动势

我们知道，当螺线管内通有电流时，电流会在螺线管内外激发磁场，而且根据螺线管线圈的匝数和线圈中的电流强度我们可以方便地计算出螺线管内部的磁感应强度。因此，我们经常采用螺线管作为磁场发生器。从能量的角度来看，螺线管所激发的磁场是电能转化为磁能的结果。通常，我们把这种将电能转化为磁能的元器件称为电感器，如铁芯线圈、螺线管导。法拉第正是采用铁芯线圈发现了电磁感应现象。

定量描述电感器的物理量称为电感。当电感器中有电流 I 流过时，电流将在其周围激发磁场并穿过电感器的中心区域，形成磁通量 Φ_B。当电感器中心区域的面积不变时，穿过该区域的磁通量 Φ_B 与磁感应强度 B 的大小成正比，而磁感应强度 B 的大小与其电流 I 成正比，因此，磁场通量 Φ_B 与电流 I 的比值为常

数，称为电感（也称为自感系数），符号为L，可用数学式表示为

$$L=\frac{\Phi_B}{I} \tag{7.3.1}$$

电感L是一个与电流和磁场无关的常数。

电感的单位为特·米/安（T·m/A）。在国际单位制（SI）中，单位为亨利（H），1 H = 1 T·m/A。

当通电线圈内的电流发生变化时，电流所激发的磁场将随之变化，穿过线圈自身的磁通量也跟着发生变化，从而在电感器线圈内部激发出感应电动势，这种现象称为**自感现象**，由此产生的感应电动势称为自感电动势$\mathscr{E}_L$。根据法拉第电磁感应定律，自感电动势可表示为

$$\mathscr{E}_L=-\frac{\mathrm{d}\Phi_B}{\mathrm{d}t} \tag{7.3.2}$$

式中，磁通量Φ_B可用电感L和电流I的乘积表示，即

$$\Phi_B=IL$$

带入式（7.3.2），可得

$$\mathscr{E}_L=-\frac{\mathrm{d}\Phi_B}{\mathrm{d}t}=-\frac{\mathrm{d}IL}{\mathrm{d}t}=-L\frac{\mathrm{d}I}{\mathrm{d}t}$$

即

$$\mathscr{E}_L=-L\frac{\mathrm{d}I}{\mathrm{d}t}$$

自感电动势$\mathscr{E}_L$等于自感系数L乘以电流对时间一阶导数的负值。

2. 互感和互感电动势

如图7.3.1所示为两个彼此靠近的线圈1和线圈2。由图可见，线圈1中流过的电流I_1激发出磁感应强度为$\boldsymbol{B}_1$的磁场，并穿过线圈2。穿过圈2的磁通量为$N_2\Phi_{21}$。当线圈1中流过的电流I_1发生变化时，穿过圈2的磁通量$N_2\Phi_{21}$也会随之发生变化，从而在圈2中激发出感应电动势。这种由导体回路电流变化引起的邻近导体回路中磁场发生变化，从而在邻近导体回路中激发感应电动势的现象，称为**互感现象**，由此产生的感应电动势称为互感电动势。

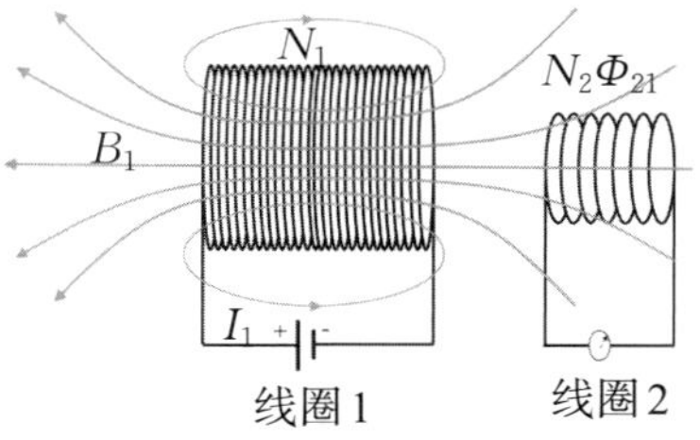

图7.3.1　线圈互感示意

互感可用互感系数M来描述。根据互感的定义，线圈2对于线圈1的互感M_{21}可用公式表示为

$$M_{21}=\frac{N_2\Phi_{12}}{I_1}$$

线圈1对于线圈2的互感M_{12}可用公式表示为

$$M_{12}=\frac{N_1\Phi_{21}}{I_2}$$

理论和实验都证明 $M_{21}=M_{12}$，一般用M表示，其单位为亨利(H)。互感系数 M 只与回路的形状、相对位置，以及周围的相对磁导率有关。

互感系数 M：

$$M=\frac{\Psi}{I_{邻}}$$

某线圈的互感系数 M 等于邻近线圈激发的磁场穿过该线圈的磁通量 Ψ 与邻近线圈中电流 $I_{邻}$ 的比值。

根据互感的定义，我们可以将穿过线圈2的磁通量表示为

$$N_2\Phi_{12}=MI_1$$

当线圈1中的电流 I_1 随着时间变化时，线圈2中的磁通量也将随之发生变化，从而在线圈2中激发出感应电动势 $\mathscr{E}_{M2}$。根据法拉第电磁感应定律，感应电动势 $\mathscr{E}_{M2}$ 可表示为

$$\mathscr{E}_{M_{21}}=-\frac{\mathrm{d}N_2\Phi_{12}}{\mathrm{d}t}=-\frac{\mathrm{d}M_{21}I_1}{\mathrm{d}t}=-M\frac{\mathrm{d}I_1}{\mathrm{d}t}$$

互换线圈1和线圈2的位置时，我们可以获得线圈2在线圈1中激发出的电动势 $\mathscr{E}_{M_1}$，用公式表示为

$$\mathscr{E}_{M_1}=-\frac{\mathrm{d}N_1\Phi_{21}}{\mathrm{d}t}=-\frac{\mathrm{d}M_{12}I_2}{\mathrm{d}t}=-M\frac{\mathrm{d}I_2}{\mathrm{d}t}$$

互感电动势 $\mathscr{E}_M$ 等于互感系数乘以邻近导体回路中电流对时间的一阶导数的负值。

$$\mathscr{E}_M=-M\frac{\mathrm{d}I_{邻}}{\mathrm{d}t}$$

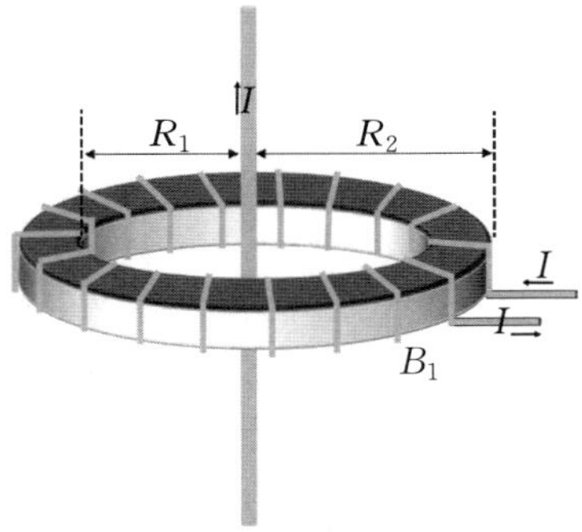

图7.3.2　例7.10用图

例7.10　如图7.3.2所示，截面为矩形的螺绕环共有N匝线圈，在螺绕环的轴线上另放有一无限长直导线，试求：

(1) 螺绕环线圈的自感系数；

(2) 无限长直导线和螺绕环的互感系数。

解　(1) 当螺绕环内通入电流时，电流激发的磁场穿过螺绕环线圈，从而发生自感现象。根据自感系数的定义 $L=\frac{\Phi_B}{I}$ 知，欲求自感系数需先求电流I对应的磁通量。为此，先求出螺绕环内的磁感应强度。

以螺绕环中心为圆心，作半径为r（$R_1<r<R_2$）的圆，由安培环路定理

$$\oint \boldsymbol{B}\cdot \mathrm{d}\boldsymbol{l}=\mu_0 NI$$

可得螺绕环内部的磁感应强度 B 的大小为

$$B=\frac{\mu_0 NI}{2\pi r}$$

螺绕环内的磁通链（螺绕环有N匝线圈，穿过多匝线圈的磁通量称为磁通链）为

$$\Psi=N\int B\cdot \mathrm{d}S=N\int_{R_1}^{R_2}\frac{\mu_0 NI}{2\pi r}l\cdot \mathrm{d}r=\frac{\mu_0 N^2 Il}{2\pi}\ln\frac{R_2}{R_1}$$

所以自感系数

$$L=\frac{\Psi}{I}=\frac{\mu_0 N^2 l}{2\pi}\ln\frac{R_2}{R_1}$$

（2）当无限长直导线中通有电流时，电流激发的磁场穿过螺绕环内，从而在螺绕环内激发出感应电动势，反之亦然，即无限长直导线和螺绕环存在互感现象。相比而言，无限长直导线对于螺绕环的互感系数更容易计算。因此，我们选取无限长直导线电流激发的磁场穿过螺绕环中的磁通链来计算互感系数。

当无限长直导线中的电流为I时，其在周围一点激发的磁感应强度 B 的大小为

$$B=\frac{\mu_0}{2\pi}\frac{I}{r}$$

该磁场从螺绕环中穿过形成的磁通链为

$$\Psi_{螺绕环}=N\int B\cdot \mathrm{d}S=N\int_{R_1}^{R_2}\frac{\mu_0}{2\pi}\frac{I}{r}l\cdot \mathrm{d}r=\frac{\mu_0 NIl}{2\pi}\ln\frac{R_2}{R_1}$$

所以互感系数

$$M=\frac{\Psi_{螺绕环}}{I}=\frac{\mu_0 Nl}{2\pi}\ln\frac{R_2}{R_1}$$

讨论

（1）本题考查自感和互感的基本定义。

（2）在例7.10第（2）小问中，我们计算了长直导线对于螺绕环的互感系数。事实上，我们也可以选取螺绕环对于长直导线的互感来计算长直导线的互感系数。此时，应将长直导线视为一个无限大的圆环，根据第（1）问的计算结果，螺绕环穿过无限大线圈的磁感应强度的大小为

$$B=\frac{\mu_0 NI}{2\pi r}$$

形成的磁通量为

$$\Psi_{直导线}=\int B\cdot \mathrm{d}S=\int_0^{\infty}\frac{\mu_0 NI}{2\pi r}l\cdot \mathrm{d}r=\int_{R_1}^{R_2}\frac{\mu_0 NI}{2\pi r}l\cdot \mathrm{d}r=\frac{\mu_0 NIl}{2\pi}\ln\frac{R_2}{R_1}$$

所以互感系数为

$$M=\frac{\Psi_{直导线}}{I}=\frac{\mu_0 Nl}{2\pi}\ln\frac{R_2}{R_1}$$

可见，无限长直导线和螺绕环的互感系数相等。

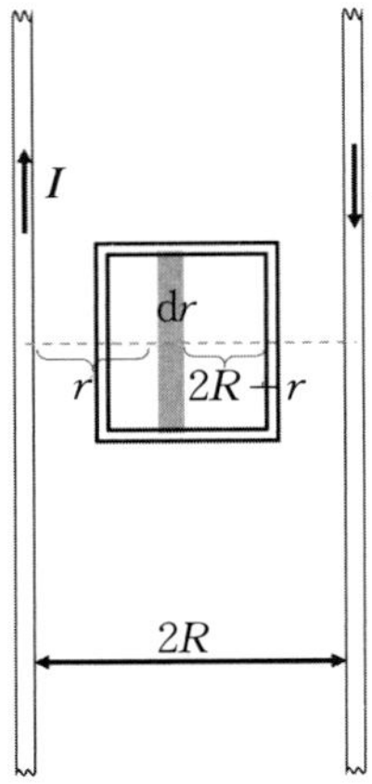

图7.3.3　例7.11用图

例7.11　如图7.3.3所示，两根无限长载流导线互相平行，相距$2R$，两导线中电流强度相同、方向相反。在两直导线所在平面内有边长为R的正方形线圈，线圈与长直导线之间彼此绝缘，试求线圈与两平行导线之间的互感系数M。

解　线圈与两直导线之间存在互感现象，根据例7.10的讨论，我们知道，直导线对于线圈的互感系数等于线圈对于直导线的互感系数。因此，我们选取计算较为简单的直导线对于线圈的互感系数进行求解。

已知无限长直导线在其周围距离为r的任意一点的磁感应强度$\boldsymbol{B}$的大小为

$$B=\frac{\mu_0 I}{2\pi r}$$

如图7.3.3所示，在两无限长直导线之间任意一点，距离左边导线为r，距离右边导线为$2R-r$，则磁感应强度$\boldsymbol{B}$的大小为

$$B=\frac{\mu_0 I}{2\pi}\left(\frac{1}{r}+\frac{1}{2R-r}\right)$$

方向为垂直纸面向里。

因此，通过正方形线圈的磁通量为

$$\Phi=\int_S \boldsymbol{B}\cdot \mathrm{d}\boldsymbol{S}=\int_{\frac{R}{2}}^{\frac{3R}{2}}\frac{\mu_0 I}{2\pi}\left(\frac{1}{r}+\frac{1}{2R-r}\right)R\mathrm{d}r$$

$$=\frac{\mu_0 IR}{2\pi}(\ln 3+\ln 3)=\frac{\mu_0 IR}{\pi}$$

由互感系数的定义，两平行无限长导线与正方形线圈之间的互感系数为

$$M=\frac{\Phi}{I}=\frac{\mu_0 R}{\pi}\ln 3$$

重要概念回顾

1. **电磁感应现象**

电磁感应现象是指当穿过闭合回路中的磁感应强度发生变化时，回路中产生电流的现象，回路中的电流称为感应电流，回路中感应出的电动势称为感应电动势。

2. **楞次定律**

闭合回路中的感应电流所激发的磁场总是阻碍闭合回路中

磁通量的变化。

3. **法拉第电磁感应定律**

当穿过闭合回路所围面积的磁通量发生变化时，回路中会产生感应电动势，且感应电动势等于磁通量对时间变化率的负值，即

$$\mathscr{E}=-\frac{\mathrm{d}\Phi}{\mathrm{d}t}$$

4. **动生电动势**

导体在恒定磁场中运动而在导体或导体回路内激发的感应电动势称为动生电动势，表达式为

$$\mathscr{E}_{动}=\int(\boldsymbol{v}\times\boldsymbol{B})\cdot\mathrm{d}\boldsymbol{l}$$

动生电动势可以理解为导体内单位正电荷在部分洛伦兹力作用下发生位移所做的功。

5. **感生电动势**

变化的磁场在导体中激发出的感应电动势称为感生电动势，表示式为

$$\mathscr{E}_{感}=-\frac{\mathrm{d}}{\mathrm{d}t}\int\boldsymbol{B}\cdot\mathrm{d}\boldsymbol{S}$$

6. **自感**

由于自身电流变化，而在自身回路中产生感应电动势的现象称为自感现象，所产生的电动势称为自感电动势。

$$\mathscr{E}_L=-L\frac{\mathrm{d}I}{\mathrm{d}t}$$

7. **互感**

某一个导体回路中的电流发生变化，从而在邻近的导体回路中产生感应电动势的现象称为互感现象，所产生的电动势称为互感电动势。

$$\mathscr{E}_M=-M\frac{\mathrm{d}I}{\mathrm{d}t}$$

思考题

1. 法拉第电磁感应定律的内容是什么？

2. 感生电动势与动生电动势有什么不同？

3. 动生电动势是由洛伦兹力对电荷做功引起的，这与我们所说的洛伦兹力不做功是否矛盾？

4. 自感系数和互感系数是怎么定义的？

习　题

1. 一匝数为N的线圈，通过每匝线圈的磁通量为$\Phi=\sin\omega t$（Wb），求任意时刻线圈内感应电动势的大小。

2. 长直导线中通有电流I，I随时间增加，且变化率为k。距长直导线为a处放置一边长为a的正方形，求正方形回路中的感应电动势。

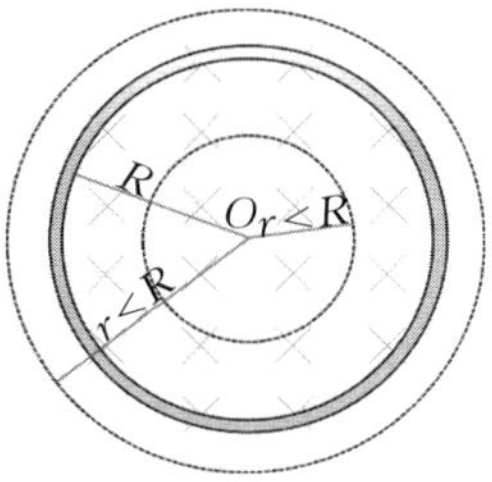

习题3图

3. 一无限长螺线管截面为圆，其半径为R，单位长度上匝数为n，导线中现通有电流$I=I_0\sin\omega t$，求螺线管内外的感生电场$E_{感}$的分布。

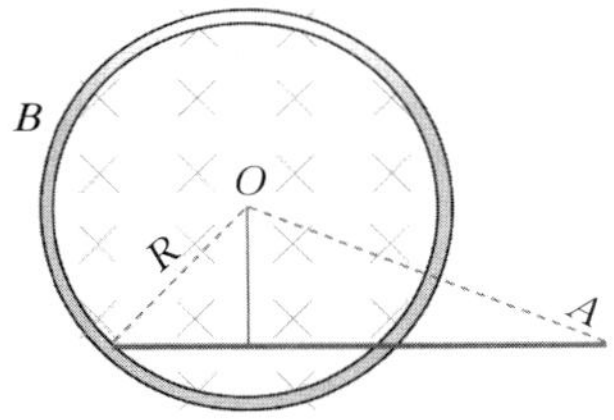

习题4图

4. 如习题4图所示，有一圆柱形均匀电场，圆的半径为R。现放置一长度为$2R$的直导线，导线的一端刚好在磁场边缘，处于磁场内的导线长度为R。若磁场的感应强度以$\frac{\mathrm{d}B}{\mathrm{d}x}=k$（$k$为大于零的常数）的速率变化，求在直导线上产生的电动势。

5.一长直导线上通有电流I，旁边有一共面的单匝正方形（边长为a）回路，以速度$\boldsymbol{v}$离开直导线，开始时刻，回路与导线的距离为a，求线圈中的感应电动势的大小和方向。

6. 两段长度均为d的导线ab和bc，相接形成150°角。现将其放入均匀磁场B中，以速率v运动，求连接体两端ac的电势差。

7. 一长直导线上通有电流I，旁边有一与其共面、垂直的金属棒ab，金属棒以速率v平行于载流直导线运动，求棒中的感应电动势。

8. 两个线圈A和B中的电流变化率均为k（A/s），感应电动势分别为U_a(V）和U_b(V)，求线圈A的自感L_a和U_b。

9. 长为0.6 m、半径为0.05 m的空心纸筒上绕多少匝导线方能获得自感系数为0.006 H的自感线圈。

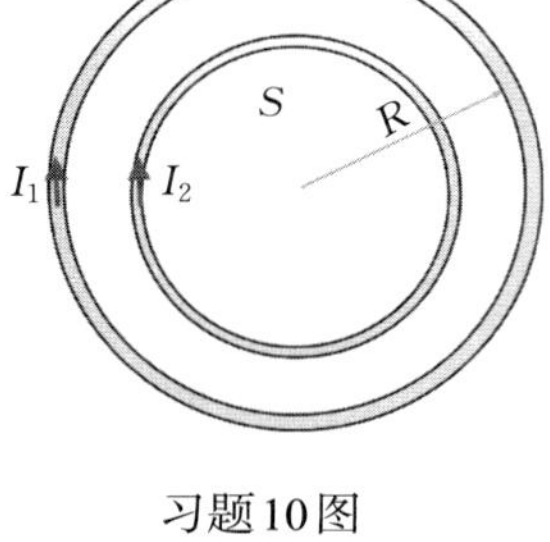

习题10图

10. 如习题10图所示，一圆形线圈由n匝表面绝缘的细导线绕成，圆面积为S，放在另一个半径为R的大圆形线圈中心，两者同轴。大圆形线圈由N匝表面绝缘的细导线绕成。

（1）求两个线圈中的互感系数M；

（2）当大线圈导线中的电流每秒减小k(A)时，求小线圈中的感应电动势。

11. 如习题11图所示，一个半径为r的小线圈，开始时和一个半径为B（$r \ll B$）的大线圈共面并同心，大线圈通有一恒定电流I，并保持不变。现使小线圈以角速度$\boldsymbol{\omega}$绕直径转动，设小线圈的电阻为R。试求：

（1）两线圈的互感系数；

（2）小线圈中的感应电流；

（3）大线圈中的感生电动势。

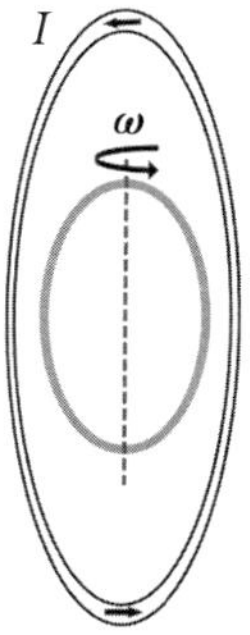

习题11图

参 考 文 献

[1] 赵凯华. 新概念物理学教程[M]. 北京：高等教育出版社，1996.

[2] 程守洙，江之永. 普通物理[M]. 北京：高等教育出版社，2006.

[3] 陈秉乾，王稼军. 电磁学[M]. 北京：北京大学出版社，2012.

[4] 何丽珠，武青，周旭波.大学物理学[M]. 北京：高等教育出版社，2018.

[5] 胡盘新，孙迺疆. 普通物理学学习指导[M]. 5版. 北京：高等教育出版社，2004.